노엘블랑의
브런치 카페 레시피

노엘블랑의

브런치 카페 레시피

구 성 희 지 음

팜파스

처음부터 브런치 매장을 운영하려고 했던 건 아니었습니다.
케이크 매장으로 시작했던 카페를 브런치 카페로 전향해 운영하게 되었던 건
우연히 한 광고를 보게 되면서였어요.

지친 하루를 보낸 직장인의 무거운 발걸음
퇴근 길 사온 음식을 식탁 위에 아무렇게나 던져두고 그것을 한참을 바라보던 모습
뭔가를 결심한 표정으로 예쁜 접시에 음식을 정성스럽게 담아 테이블을 차리는 모습
이내 밝아진 그의 표정
그리고 한 줄의 광고 카피
"나를 위한 한 끼를 정성스럽게 차리는 것부터가 나를 아끼는 것의 시작이다."

그 광고를 보고 가슴 한쪽이 먹먹해졌어요.
열심히 살고 있지만, 잘 살고도 있는 건가?

매일 일에 쫓겨 점심은 거르거나 대충 때워버리기 일쑤고 저녁 역시 별반 다르지 않았죠.

문득 내가 나를 아끼지 않는다는 생각이 들었어요.
'내 한 끼를 정성스럽게 먹자!'
그렇게 결심한 날부터 빵 한 쪽도 예쁘고 맛있게 차려 먹으려고 노력했어요.

샌드위치가 너무 맛있게 만들어진 날은 넉넉하게 만들어 손님들에게도 나눠드리고
냉장고의 재료란 재료는 모조리 꺼내 올려 만든 콥 샐러드를 나눠 먹기도 했죠.
그렇게 케이크 매장에서 생각지도 못한 샌드위치며 샐러드, 파스타가 등장하게 된 거죠.
그러다 보니 자연스럽게 브런치 카페가 되었어요.

나 자신을 위해 예쁘게 차려낸 음식을 즐기는 그 시간은 나를 행복하게 만들었습니다.
마찬가지로 예쁘게 차려낸 테이블에서

기분 좋은 표정으로 식사하는 손님들의 모습을 보는 것도
제게는 또 다른 행복이었답니다.

그 행복을 나누고 싶어 이 책을 폅니다.

이 책을 통해 여러분의 식탁이 더 건강하고 예뻐져
여러분 자신이 더욱 소중하게 느껴지기를 바라봅니다.

브런치(Brunch)란 '아침식사(Breakfast)와 점심식사(Lunch)'의 합성어로
'두 식사 시간 사이에 먹는 이른 점심'을 뜻하는 말입니다.

사전적 의미에서 벗어나 제게 브런치는
레스토랑보다는 분위기도, 메뉴도 조금 더 캐주얼하고 틀에서 벗어난 부담이 없는
식사의 형태로 먼저 다가옵니다.

애피타이저로 대접 받을 법한 수프나 샐러드도
브런치에서는 하나의 당당한 메뉴가 될 수 있죠.
이밖에도 샌드위치나 오믈렛, 가벼운 식사 메뉴까지
어떠한 형태의 메뉴도 브런치가 될 수 있어요.

매장에서 실제 판매했던 메뉴들과 숨겨두었던 레시피를 공개합니다.
샐러드, 샌드위치, 스프, 식사용 메뉴, 디저트, 음료까지!
다양한 메뉴들을 계절별로 조합해 나만의 근사한 브런치 플레이팅을 완성해보세요.

나를 위한 한 끼를 더 특별하고 예쁘게!

Contents

Prologue **4**

브런치를 위한 준비

Salad

샐러드

Sandwich

샌드위치

Soup & Stew

수프 & 스튜

Sauce & Pasta

소스 & 파스타

Dessert

디저트

Drink

음료

브런치를 위한 준비

저는 간단한 과정의 맛있는 요리가 최고라고 생각합니다.

특히 매장에서 판매할 메뉴는 공정의 간단함과 재료의 소진을 가장 먼저 염두에 두고 만들어요.

한 가지 메뉴만 판매하지 않는 이상 공정이 복잡하고 재료의 낭비가 계속된다면 결국 판매에 어려움이 있을 테니까요.

이건 결국 매장에서나 집에서나 마찬가지일 거라고 생각해요.

모든 요리의 과정이 간단할 수는 없으나 드레싱이나 재료 사용의 교집합을 늘려 재료의 낭비 없이 다양한 맛의 요리를 보다 쉽게 만들 수 있는 방법을 만들려고 노력하고 있어요.

간단한 조리법만으로도 여러 가지 메뉴에 교차로 사용할 수 있는 기본 드레싱들과 하나 의 재료로 다양한 맛의 메뉴를 만들어 재료의 낭비가 없도록 준비했습니다.

계량법은 복잡하지 않게 가능한 무게를 재어 만드는 것으로 통일했으므로 계량도구는 계량 저울 하나만 준비하면 됩니다.

그럼, 어떤 메뉴라도 지금 당장 만들어낼 수 있는 기본이 되는 드레싱과 크림부터 함께 만들어볼게요.

기본 준비가 모두 끝나면 곳간에 곡식을 채워둔 것처럼 든든한 기분이 들 거예요.

Honey Lemon Dressing

허니 레몬 드레싱

달콤하고 상큼한 맛을 가지고 있는 허니 레몬 드레싱은 비네그레트 소스를 응용해 만든 드레싱입니다. 비네그레트 소스는 식초나 레몬즙에 오일을 섞어 만드는 기본 소스로 저는 여기에 꿀을 넣어 달콤한 맛을 더했습니다. 만드는 과정이나 재료가 간단해 1분이면 만들어낼 수 있는 초간단 드레싱이기도 하죠. 재료가 가진 맛을 드레싱에 방해받지 않고 온전히 느끼고 싶을 때 혹은 간단하고 빠르게 샐러드에 곁들일 드레싱 필요한 순간! 그럴 땐 주저하지 말고 허니 레몬 드레싱을 선택하면 된답니다.

재 료

레몬즙 30g
꿀 30g
레몬 껍질 1개 분량
소금
후추
올리브 오일 10g

준 비 하 기

· 레몬을 미지근한 물에 10분간 담가 두었다가 베이킹 소다로 문질러 꼼꼼히 씻어줍니다.
· 레몬의 노란 겉껍질(제스트, Zest)을 그레이터로 내려 준비합니다.
· 레몬즙을 짜고 씨를 제거합니다.

조 리 하 기

· 볼에 레몬즙, 꿀, 레몬 껍질, 소금, 후추를 담아 섞어줍니다.
· 올리브 오일을 조금씩 넣어 유화가 되도록 섞어줍니다.

보 관 하 기

· 시간이 지나면 오일 층이 분리될 수 있어 만든 직후 바로 사용하는 것이 좋습니다.
· 만약 오일 층이 분리되었다면 다시 유화되도록 섞어서 사용합니다.

Honey

꿀

꿀은 설탕보다 강한 단맛을 가지고 있으면서 좋은 영양성분까지 가지고 있는 천연 감미료입니다. 드레싱을 만들 때 설탕 대신 꿀을 사용하면 부드러운 질감과 함께 은은한 풍미까지 더할 수 있습니다.

사워크림 드레싱

여러 가지 맛의 재료를 사용할 때나 각기 다른 맛의 재료들을 서로 어우러지게 만들고 싶을 때에는 늘 사워크림 드레싱을 선택합니다. 사워크림에 메이플시럽을 섞어주는 것만으로도 사워크림이 가지고 있는 신맛이 사라지며 꾸덕한 요거트의 맛을 내준답니다. 누구나 호불호 없이 무난하게 먹을 수 있는 맛이어서 카페 샐러드 메뉴에서도 자주 사용했던 드레싱입니다. 단독으로 사용해도 좋지만 발사믹 글레이즈와 함께할 때 맛이 서로 보완되어 매력이 배가 되니 꼭 발사믹 드레싱과 함께 사용해보세요.

재료

사워크림 100g
메이플시럽 15g

조리하기

· 사워크림에 메이플시럽을 넣어 섞어줍니다.

보관하기

· 소스 통에 담아 냉장 보관합니다.

Balsamic Glaze

발사믹 글레이즈

발사믹 글레이즈는 발사믹 비네거에 꿀을 넣어 꾸덕한 질감으로 졸여 만드는 윤기 있는 드레싱입니다. 진한 발사믹 식초의 향과 꿀의 달콤한 맛을 동시에 가지고 있어 샐러드나 과일과 무척 잘 어울려요.

조금만 시간을 들여 직접 만들면 첨가물이 없어 더 건강하고 진한, 깔끔한 맛의 발사믹 글레이즈를 맛볼 수 있답니다.

재 료

발사믹 비네거 500ml
꿀 70g
계피스틱 1개
페페론치노 2개

조 리 하 기

· 모든 재료를 냄비에 담아 약불에 올려 끓여줍니다.
· 바닥에 눌러 붙어 타지 않도록 불을 조절하고 주걱으로 바닥을 꼼꼼히 긁어주며 끓입니다.
· 절반의 양이 되도록 졸아들고 꾸덕한 농도가 되면 불에서 내려 식혀줍니다.
· 지나치게 졸일 경우 식으면 단단해질 수 있으니 떨어뜨려 보았을 때 끊이지 않고 주르륵 연결되어 떨어지는 농도가 되면 졸이기를 멈춥니다.

보 관 하 기

· 완성된 글레이즈는 소스 통에 담아 냉장 보관합니다.

TIP | · 발사믹 비네거는 포도즙을 숙성시켜 만든 식초로 발사믹(Balsamico)은 '향기가 좋은', 비네거(Vinegar)는 '식초'라는 뜻을 가지고 있습니다.
· 발사믹 글레이즈를 만들 때 사용하는 발사믹 비네거는 굳이 비싼 제품을 사용하지 않아도 충분히 좋은 맛을 낼 수 있습니다.

Spicy Dressing

스파이시 드레싱

마요네즈를 베이스로 디종 머스터드와 파르메산 치즈를 넣어 풍미를 더해 만든 매콤한 드레싱입니다. 마늘과 카옌페퍼의 알싸하고 매콤한 맛으로 자칫 느끼하거나 무거울 수 있는 재료에 곁들이면 맛의 밸런스를 잡아줍니다.

재료

마요네즈 40g
디종 머스터드 10g
꿀 30g
파르메산 치즈 20g
레몬즙 15g
마늘 1개
카옌페퍼 0.5g
올리브 오일 10g
소금
후추

준비하기

· 파르메산 치즈는 그레이터에 내려 준비합니다.
· 마늘은 작게 조각내어 준비합니다.

조리하기

· 준비한 재료와 함께 나머지 재료를 모두 믹서기에 넣어 곱게 갈아줍니다.
· 소금, 후추를 넣어 간을 합니다.

보관하기

· 소스 통에 담아 냉장 보관합니다.

TIP	• 디종 머스터드는 프랑스 디종에서 처음 만들어진 노란색의 머스터드로 부드러우면서 강한 매운맛을 가지고 있습니다.
	• 카옌페퍼는 생칠리를 말려 가루로 만든 것으로 매운 맛이 아주 강한 고춧가루입니다.
	• 카옌페퍼가 없다면 고운 입자의 매운 고춧가루로 대체할 수 있습니다.

Parmesan Cheese

파르메산 치즈

요리의 마지막은 항상 파르메산 치즈를 뿌리는 것으로 마무리합니다.
파르메산 치즈가 가진 짭조름한 맛으로 소금과 함께 요리의 간을 잡아주기도 하고 소스나 국물 요리에 녹여 넣어 한껏 풍미를 돋우기도 하지요.

막 갈아낸 파르메산 치즈가 내는 풍미는 무엇과도 비교할 수 없을 만큼 매우 중독적이고, 또 매력적입니다.

파르메산 치즈는 '치즈의 왕'으로 불리며 정식 명칭은 파르미지아노 레자노(Parmigiano Reggiano)입니다.
파르마 지역에서 생산되며 3~4년간 숙성해 만들어지는 경성치즈(단단한 치즈)로 비슷한 제품으로는 파르메산 치즈보다는 숙성기간이 짧지만 역시 좋은 풍미와 맛을 가지고 있는 그라나 파다노(Grana Padano)가 있습니다.

피자 위에 뿌려 먹는 파마산 치즈 가루는 치즈와 첨가물을 섞어 만든 가공 치즈로 파르메산 치즈가 가진 풍미나 맛을 가지고 있지 않은 전혀 다른 종류의 치즈입니다. 요리에서 파마산 치즈 가루를 파르메산 치즈 대신 사용할 경우 오히려 요리의 맛과 식감을 해칠 수 있으니 혼동해서 사용하지 않도록 합니다.

치즈를 사용할 때에는 사용할 만큼만 갈아서 사용하고 공기가 닿지 않도록 랩으로 감싸 냉장 보관하는 것이 좋습니다.
치즈의 표면에 직접적으로 손이나 이물질이 닿으면 쉽게 상할 수 있으니 만져지는 치즈의 표면을 랩으로 감싸거나 장갑을 사용하도록 합니다.

Cinnamon Honey Butter

시나몬 허니 버터

시나몬 허니 버터는 샌드위치를 만들 때 빼놓지 않고 사용하고 있는 버터입니다.

샌드위치를 만들 때 빵의 속 표면에 버터를 발라주면 채소나 속 재료로 인해 빵이 축축해지는 것을 방지할 수 있습니다. 이때 버터 대신 시나몬 버터를 사용하면 시나몬의 알싸한 향과 꿀의 달콤함, 버터의 고소함까지 더해져 샌드위치의 맛을 한층 더 세련되게 만들어준답니다.

재료

무염버터 200g
꿀 35g
슈거파우더 80g
시나몬파우더 5g
소금 2g

준비하기

· 버터를 실온에서 자연 해동해 준비합니다.

조리하기

· 실온의 버터를 부드럽게 풀어줍니다.
· 슈거파우더, 시나몬파우더, 소금을 넣어 주걱으로 섞어준 후 꿀을 넣어
  섞어줍니다.
· 재료들이 충분히 섞이고 공기를 품을 수 있도록 휘핑해줍니다.

보관하기

· 소독한 병에 담아 냉장고에 보관합니다.
· 사용하기 전에는 부드러워지도록 미리 실온에 꺼내 두었다가 사용하도
  록 합니다.

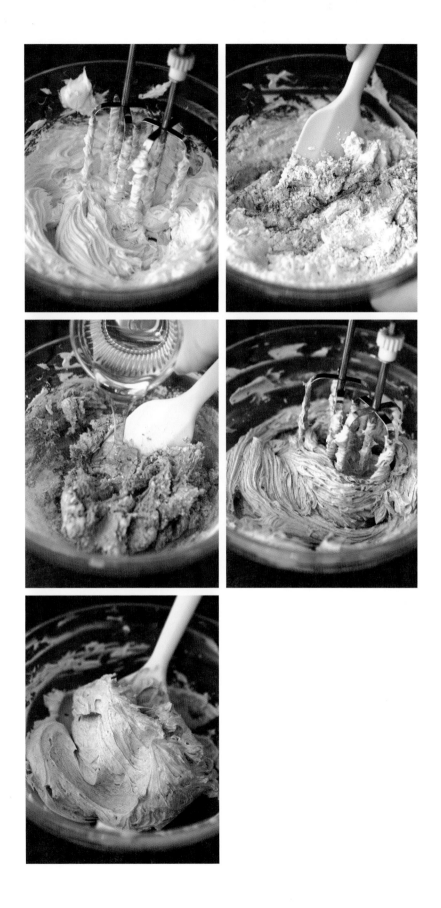

요거트 크림

요거트의 수분을 제거하면 식감이 쫀쫀하게 변하여 요거트를 보다 색다르게 즐길 수 있습니다. 꿀로 당도를 조절해 빵이나 크래커 위에 올려 과일과 함께 즐겨보세요.

재료

플레인 요거트 500g
꿀 15g

조리하기

· 체에 요리용 거즈를 펼쳐 요거트를 담아줍니다.
· 요거트의 물기가 충분히 빠지도록 냉장고에서 하루 동안 보관합니다.
· 물기가 제거된 요거트에 꿀을 넣어 섞어줍니다.

보관하기

· 밀폐용기에 담아 냉장 보관합니다.

TIP

요거트의 제조 과정에서 부드러운 식감을 위해 젤라틴이나 유화제 등을 첨가하는 경우가 있습니다. 이러한 첨가제가 들어가지 않은 요거트를 사용하면 좀 더 쉽게 유청을 분리할 수 있습니다.

Ricotta Cheese

리코타 치즈

우유나 생크림에 레몬즙을 넣어 유청을 분리해 만드는 리코타 치즈는 집에서도 쉽게 만들 수 있는 대표적인 치즈입니다. '다시 익혔다'는 뜻을 가진, 유청을 주재료로 만드는 본래의 리코타 치즈와는 사실 엄연히 다른 치즈이지만, 우리에게는 홈메이드 리코타 치즈로 많이 알려져 있습니다. 약간의 새콤한 맛과 진한 우유 맛을 가지고 있는 리코타 치즈는 빵에 올려 샌드위치를 만들어 먹을 수도 있고 파스타나 샐러드에도 사용할 수 있는 훌륭한 재료랍니다.

재료

우유 1000g
생크림 350g
소금 10g
설탕 10g
레몬즙 40g

조리하기

· 냄비에 우유, 생크림, 소금, 설탕을 담아 80도 이상의 온도가 되도록 데
  워줍니다.
· 레몬즙을 넣어 섞어줍니다.
· 약불로 가열하며 바닥이 눌러 붙지 않도록 가볍게 저어줍니다.
· 몽글몽글한 덩어리가 형성되고 맑은 색의 유청이 비치면 요리용 거즈를
  씌운 체에 쏟아 부어 유청을 걸러줍니다.
· 체에 밭친 채로 냉장고에 하루 동안 두어 유청이 충분히 빠질 수 있도록
  합니다.

보관하기

· 밀폐용기에 담아 냉장 보관합니다.

Basil

바질

바질은 민트과의 잎 향신료로 진하고 향긋한 향을 가지고 있습니다.
무엇보다도 토마토와 궁합이 무척이나 좋아 토마토를 이용한 소스나 샐러드, 피자 등의 요리에 자주 사용됩니다.

구입한 바질이 시들해졌다면 차가운 물에 가볍게 씻어낸 후 물기를 제거하고 비닐봉투에 넣어 냉장고에 잠시 보관해두면 잎이 다시 파릇파릇하게 살아납니다.
다만, 온도에 예민해 냉장고에서도 쉽게 얼어버리기 때문에 오래 보관하기는 힘듭니다.

만약 사용 후 바질이 남았다면 작은 크기로 잘라 비닐 팩에 담아 냉동실에 보관합니다.
소스 요리나 국물 요리처럼 끓여서 만드는 요리에서 바질이 필요할 땐 냉동으로 얼려두었던 바질을 넣어주어도 좋습니다.
단, 냉동했던 바질은 해동되는 순간 수분과 맛이 빠져나가니 얼어 있는 상태 그대로 요리에 넣어 사용해야 합니다.
또는 건조기에 바싹 말려 가루를 내어 요리의 마무리 데코용으로 사용해도 좋습니다.

Basil Pesto

바질 페스토

바질이 제철인 계절에는 바질을 잔뜩 사다가 바질 페스토를 만듭니다. 신선한 바질과 질 좋은 올리브 오일, 고소한 잣, 마늘을 으깨어 파르메산 치즈의 짭조름함과 풍미까지 더했으니 그 맛이야 의심할 여지가 없지요. 소개할 바질 페스토는 소금 대신 그린 올리브와 안초비, 파르메산 치즈를 사용해 감칠맛을 냈습니다. 바질의 진한 향과 부드러운 짠맛이 멋진 조화를 이룬답니다. 바질 페스토는 그저 빵에 가볍게 발라먹어도, 토마토나 치즈에 한 스푼 톡 올려먹어도 좋습니다. 직접 만든 바질 페스토로 샌드위치나 파스타를 만들어보세요. 지금껏 느끼지 못한 풍성한 바질 향을 경험하게 될 거예요.

재료

바질 50g
올리브 오일 60g
마늘 1개
그린 올리브 20g
안초비 7g
볶은 잣 35g
파르메산 치즈 35g
후추
여분의 올리브 오일

준비하기

· 바질은 줄기를 제거한 뒤 흐르는 물에 씻은 후 물기를 제거합니다.
· 마늘과 안초비는 작은 크기로 잘라주고 그린 올리브는 씨를 제거한 후 다져서 준비합니다.
· 잣은 마른 팬에 노릇하게 볶은 후 완전히 식혀 준비합니다.
· 파르메산 치즈는 그레이터에 내려 준비합니다.

조리하기

· 바질, 올리브 오일, 마늘, 그린 올리브, 안초비를 믹서기에 넣어 재빠르게 갈아줍니다.
· 잣은 따로 굵게 갈아 준비합니다.
· 볼에 갈아둔 재료들과 파르메산 치즈, 후추를 넣어 매끈하게 섞어줍니다.

보관하기

· 소독한 유리병에 바질 페스토를 담습니다.
· 표면에 공기가 접촉하지 않도록 여분의 올리브 오일을 부어줍니다.
· 냉장고에 넣어 보관합니다.
· 덜어 먹은 후에는 공기에 접촉하지 않도록 다시 여분의 올리브 오일을 부어 보관합니다.

TIP
· 바질은 온도에 민감해 쉽게 갈변되는 성질이 있으므로 바질을 갈 때에는 온도가 올라가지 않도록 짧은 시간 안에 빠르게 갈아주는 것이 좋습니다.
· 잘라져 있는 올리브는 짠맛이 강하므로 씨가 있는 올리브를 사용하는 것이 좋습니다.
· 잣을 굵은 입자로 갈아주면 식감과 고소한 맛이 더욱 살아납니다.

Dry Tomato

드라이 토마토

토마토를 오븐이나 건조기에 말려주면 꼬들꼬들한 재미있는 식감을 가지게 됩니다.

또 수분이 적어 보다 오래 보관이 가능하고 말리는 과정에서 신맛은 적어지고 단맛은 올라가 토마토를 더욱 맛있게 먹을 수 있어요. 말린 토마토는 샐러드나 파스타에 사용하고 토마토를 재워두었던, 토마토 풍미가 배어든 오일 역시 요리에 그대로 사용할 수 있습니다.

재료

방울토마토 500g
다진 로즈마리 잎 2g
올리브 오일 10g
소금
후추

마늘 4개
로즈마리 2줄기
타임 2줄기
통후추 10알
페페론치노 4개

준비하기

· 방울토마토는 꼭지를 떼어 내고 깨끗하게 씻어 반으로 잘라 준비합니다.
· 로즈마리는 잎을 떼 내어 다져서 준비합니다.

조리하기

· 방울토마토에 다진 로즈마리, 올리브 오일, 소금, 후추를 넣어 섞어줍
  니다.
· 오븐 팬에 펼쳐 담고 100도로 예열한 오븐에 넣어 약 1~2시간가량 말려
  줍니다. 오븐의 사양, 토마토의 크기에 따라 시간은 달라질 수 있으니 토
  마토에 구움 색이 나지 않고 꼬들꼬들하게 마를 때까지 시간과 온도를
  조절해줍니다. 건조기를 사용해도 좋습니다.
· 소독한 유리병에 말린 토마토를 가득 담고 편으로 썬 마늘, 로즈마리 줄
  기, 타임 줄기, 통후추, 페페론치노를 함께 넣어줍니다.
· 여분의 올리브 오일을 병에 가득 차도록 부어줍니다.

보관하기

· 실온에 보관이 가능하나 오래두고 먹을 것이라면 냉장고에 넣어 보관합
  니다.

Herb

허브

허브는 각각의 종류마다 그만이 가진 독특하고 신선한 향이 있어 요리에서 향신료의 역할로 사용되고 있습니다.

맛과 향이 강하기 때문에 사용하는 양에 주의가 필요하지만 적절히 잘 사용한다면 요리의 맛과 풍미를 한층 더 끌어올리는 역할을 톡톡히 해냅니다.

로즈마리와 타임은 재료의 잡내를 잡아주고 은은한 향이 음식에 녹아들어가 요리의 맛을 한층 살려주는 역할을 합니다.

또 음료를 데코레이션 할 때에도 싱그러운 이미지를 느낄 수 있게 해서 가장 애정하는 허브이기도 하지요.

월계수는 특유의 단맛과 향긋한 향이 있어 육수와 소스를 만들 때 꼭 넣어 사용하고 있습니다.

일반 파슬리보다 부드러운 향을 가진 이탈리안 파슬리는 어디에나 잘 어울려 요리의 마무리에 감초 같은 역할을 합니다.

생선의 비린내를 제거해주고 고유의 맛을 느낄 수 있게 해주는 딜은 특히 연어 요리에서는 없어서는 안 될 향신료죠.

Egg

달걀

수란, 반숙란, 완숙란, 오믈렛, 디저트까지! 달걀의 변신은 도대체 어디
까지일까요.
달걀이 없었다면 황금빛의 노른자가 흘러내리는 그 멋진 순간을 우리는
알 수 없었을 거예요.
완전식품이라고 불릴 만큼 영양가 면에서도 우수한 달걀은 없어서는 안
될 참 고마운 식재료입니다.

Poached Egg

수란

수란을 톡 터트려 노른자가 주르륵 흘러내리는 그 순간을 저는 참 좋아해요.

흘러내린 노른자를 소스 삼아 먹는 그 고소함이란!

촉촉하게 삶은 달걀을 정갈하게 썰어 샌드위치나 샐러드 위에 올려내도 좋겠죠.

탱글탱글한 수란을 만들기 위해, 원하는 촉촉함으로 달걀을 삶아내는 몇 가지 요령만 익히면 달걀이 주는 이 멋진 순간들을 언제든 경험할 수 있습니다.

수란

재료

물 1L
식초 2큰술
차가운 달걀

조리하기

· 냄비에 물을 담아 끓입니다.
· 물이 끓어 바닥에 기포가 생기기 시작하면 식초를 넣어줍니다.
· 그릇에 달걀을 깨어 담아 물에 조심스럽게 넣어줍니다.
· 물이 팔팔 끓지 않고 가벼운 기포가 보글보글 올라오는 상태를 유지할 수 있도록 불의 세기를 조절합니다.
· 바닥에서 올라오는 기포가 달걀을 살살 들어 올려주는 걸 볼 수 있습니다. 혹시 바닥에서 떨어지지 않은 부분이 있다면 바닥을 가볍게 긁어 떼어내어줍니다.
· 약 3분 후 달걀을 건져 윗면을 눌러봤을 때 가벼운 탄력이 있으면서 노른자의 부드러움이 느껴진다면 완성입니다.
· 차가운 물에 넣어 달걀의 잔열을 제거합니다.

TIP

 신선하고 차가운 상태의 달걀은 흰자의 탄력이 강해 예쁜 모양의 수란이 만들어지도록 도와줍니다.
· 수란은 흰자는 부드럽게 익히되 노른자는 액상 그대로를 유지하도록 만드는 것이 포인트입니다. 물이 바글바글 끓어 달걀이 과하게 익지 않도록 불의 세기를 세심하게 조절해주세요.
· 여러 개의 수란을 한꺼번에 만들 때에는 물의 온도가 떨어지지 않도록 바닥의 기포가 생성되는 것을 확인해가며 30초씩의 여유를 두어 순차적으로 넣어줍니다.

반숙란 & 완숙란

재료

달걀이 잠길 만큼의 물 1L 기준
식초 2큰술
소금 1큰술
실온의 달걀

조리하기

· 냄비에 실온의 달걀과 달걀이 잠길 정도의 물을 담고 식초와 소금을 넣어줍니다.

· 불에 올린 시점부터 시간을 재기 시작해 약 3분간 달걀을 가볍게 굴려가며 익혀줍니다.

· 물이 끓기 시작하면 중불로 불을 낮춰줍니다.

· 약 7~8분이 지난 시점에서는 흰자는 부드럽게 익고, 노른자는 흘러내리는 상태의 반숙란이 만들어집니다.

· 약 12~13분이 지난 시점에서는 노른자까지 부드럽고 촉촉하게 익은 상태의 완숙란이 만들어집니다.

· 원하는 익힘 정도가 되었다면 달걀을 얼음물에 옮겨 담아 잔열을 제거합니다.

TIP

• 달걀을 찬기가 없는 실온 상태로 준비해두면 물과의 온도차에 의해 껍질이 깨지는 것을 방지할 수 있습니다.

• 달걀을 굴려주면서 익히면 노른자가 흰자의 가운데 예쁘게 자리 잡는 데 도움이 됩니다.

Spice

향신료

저를 가르쳐주셨던 쉐프님께서는 항상 "음식의 맛은 향신료를 얼마나 잘 이해하고 사용하느냐에 따라 결정된다"라고 하셨어요.

음식에 풍미를 주어 식욕을 촉진시키는 향신료는 '양념'이라는 의미로 우리에게 더 익숙한데요. 그 종류로는 마늘, 생강, 고추, 후추, 계피와 같이 우리가 자주 사용하는 재료부터 월계수, 정향, 넛멕, 올파이스, 겨자씨, 캐러웨이씨 등 정말 다양한 종류가 있어요.

피클에 은은한 맛과 풍미를 입히는 역할을 하고 있는 피클링 스파이스 (Pickling Spice)는 서양에서 많이 이용하는 혼합 스파이스로 피클을 담글 때 없으면 안 되는 재료이죠.

또 책에서 자주 등장하게 될 페페론치노(Peperoncino)는 작은 크기에 비해 어마어마한 맵기를 자랑하는 고추로 맵기는 우리나라 청양고추와 비슷하지만 느껴지는 얼얼함의 정도는 청양고추보다는 덜한, 깔끔하면서도 강한 매콤함을 가진 이탈리아 고추랍니다.

감자 요리나 우유가 많이 들어가는 소스를 만들 때 절대 빼놓을 수 없는 향신료도 있죠. 바로 매콤하면서도 달콤한 향을 가지고 있는 육두구 나무의 열매인 넛멕입니다.
넛멕을 차지하기 위한 향신료 무역 전쟁이 벌어졌을 만큼 넛멕의 향은 정말 매력적이에요. 감자 요리에 넛멕을 넣어 맛보고 나면 이 향신료를 왜 그리 욕심냈었는지를 아마 이해하게 될 거예요.

기회가 된다면 다양한 종류의 향신료를 맛보고 사용해보려고 노력해보세요. 향신료 하나만으로도 요리의 풍미가 달라지는 너무나 멋진 미식을 경험하게 될 거예요.

Tomato Pickle & Cucumber Pickle

토마토 피클 & 오이 피클

한없이 늘어나는 치즈가 듬뿍 올라가고 고소한 크림이 들어가는 메뉴를 좋아하지만 다소 느끼하게 느껴질 때도 있어요. 이때 피클은 입안을 개운하게 만들어주고 느끼함을 잡아줘 요리를 더 맛있게 즐길 수 있도록 도와줍니다. 달콤함과 개운한 맛을 가지고 있는 토마토 피클과 아삭한 식감과 시원한 맛을 가진 오이 피클을 준비했습니다. 분위기에 어울리는 맛의 피클을 함께 곁들여 메뉴를 더욱 맛있게 즐겨보세요.

재료

피클 주스

물 200g

식초 100g

설탕 80g

피클링 스파이스 5g

레몬 슬라이스 1/2개

월계수 1장

방울토마토 500g

다대기 오이 2개

조리하기

피클 주스 만들기

· 피클 주스 재료를 모두 냄비에 담아 설탕이 녹고 피클링 스파이스의 맛과 향이 우러나도록 약 5분간 팔팔 끓여줍니다.

· 끓인 피클 주스를 차갑게 식힙니다.

· 피클 주스의 건더기는 걸러내지 않고 그대로 함께 사용합니다.

토마토 피클

· 방울토마토는 꼭지를 제거하고 토마토의 머리 부분에 칼집을 낸 후 끓는 물에 데쳐줍니다.

· 방울토마토의 껍질이 벗겨지기 시작하면 건져내어 얼음물에 담근 후 껍질을 벗겨줍니다.

· 소독한 유리병에 담고 차갑게 식힌 피클 주스를 토마토가 잠길 만큼 부어줍니다.

TIP 방울토마토는 크기가 작아 약 10~20초 정도 데쳐주는 것으로 충분하니 너무 오랜 시간 데치지 않도록 주의합니다.

오이 피클

· 오이를 굵은 소금으로 깨끗하게 씻어 1cm 두께로 잘라줍니다.

· 소금을 가볍게 뿌려 20분간 재워둡니다.

· 오이에서 수분이 빠져나오면 흐르는 물에 재빨리 헹구어 큰 소금기를 털어냅니다.

· 소독한 유리병에 담고 차갑게 식힌 피클 주스를 오이가 잠길 만큼 부어줍니다.

TIP 소금기를 털어내기 위해 지나치게 헹구게 되면 오이에 밴 소금 간까지 모두 빠져버리게 되니 최대한 가볍게 헹궈주는 것이 좋습니다.

보관하기

· 맛이 배어들도록 냉장고에서 최소 하루 동안 숙성한 후 먹도록 합니다.

Mushroom

버섯

무기질과 식이섬유가 풍부하다고 알려진 버섯은 세계 어느 나라에서나 사랑받는 대중적인 식재료입니다.
이렇게 사랑받을 수밖에 없는 이유는 씹을수록 느껴지는 쫄깃한 식감과 베어 물었을 때 입 안 가득 퍼지는 풍미가 바로 버섯의 매력이기 때문입니다.

버섯은 독특한 향기를 품고 있는데 그 향을 깊이 들이마시면 마치 깊은 숲의 나무와 흙이 가진 진한 향기가 느껴지는 듯합니다.

버섯은 종류에 따라 각기 다른 향과 식감을 가지고 있기 때문에 각각의 버섯이 가지고 있는 고유의 향과 식감의 차이를 느껴보는 것 또한 버섯을 먹는 즐거움 중 하나가 될 것입니다.

Mushroom Pickle

버섯 피클

버섯 피클은 구워내 수분이 빠져 꼬들꼬들해진 매력적인 식감의 버섯에 한국적인 맛의 피클링 주스를 더해 만든 피클입니다. 홍고추와 생강을 넣어 살짝 매콤하면서도 보다 깔끔하고 익숙한 맛을 느낄 수 있습니다.

재료

피클 주스

물 200g

식초 100g

설탕 80g

피클링 스파이스 5g

홍고추 1개

생강 1/2쪽

월계수 1장

버섯 500g

양송이버섯

새송이버섯

표고버섯

느타리버섯

준 비 하 기

- 홍고추는 씨와 꼭지를 제거한 후 2~3cm 크기로 자르고 생강은 편으로 썰어 준비합니다.
- 양송이버섯은 기둥의 안쪽에서부터 껍질을 잡아당겨 벗겨낸 후 밑기둥을 잘라내고 1cm 두께로 썰어 준비합니다.
- 표고버섯과 새송이버섯은 표면의 먼지를 닦고 밑기둥의 지저분한 부분을 잘라낸 후 1cm 두께로 썰어 준비합니다.
- 느타리버섯은 흩어지지 않고 버섯이 여러 가닥 묶여 있을 만큼 밑동에 여유를 두어 잘라 준비합니다.

조 리 하 기

피클 주스 만들기

- 피클 주스 재료를 모두 냄비에 담아 설탕이 녹고 피클링 스파이스의 맛과 향이 우러나도록 약 5분간 팔팔 끓여줍니다.
- 끓인 피클 주스를 차갑게 식혀줍니다.
- 피클 주스의 건더기는 걸러내지 않고 그대로 함께 사용합니다.
- 그릴 팬을 뜨겁게 달구어 기름을 두르지 않은 채로 버섯을 앞뒤로 노릇하게 구워냅니다.
- 식힌 버섯을 소독한 유리병에 담아 식힌 피클 주스를 버섯이 잠길 만큼 부어줍니다.

보 관 하 기

- 맛이 배어들도록 냉장고에서 최소 하루 동안 숙성한 후 먹도록 합니다.

TIP
- 버섯을 손질할 때에는 물에 세척하기보다는 젖은 타월로 가볍게 닦아내는 것이 좋습니다. 버섯은 스펀지와 같은 조직으로 이루어져 있어 물에 세척하면 물을 빨아들이게 됩니다. 때문에 쉽게 물러질 수 있고 조리할 때 양념이 잘 스며들지 않을 수 있습니다. 물에 세척해야 하는 경우라면 재빨리 씻은 후 물기를 제거하고 곧바로 조리에 사용하는 것이 좋습니다.
- 그릴 팬은 버섯에 예쁜 그릴 자국을 내기 위한 것으로 그릴 팬이 없다면 일반 프라이팬을 사용해도 좋습니다.

Stock

육수

육수는 요리에서 풍부한 감칠맛을 느끼게 해주는 역할을 담당합니다. 우리가 된장찌개
를 끓일 때 쌀뜨물을 넣거나 멸치 우린 육수를 넣는 것과 마찬가지의 역할이지요.
좋은 육수는 결국 좋은 요리를 만들 수 있게 도와줍니다.

채소 육수

재료

물 3L

향신 재료

양파 2개

대파 흰 부분 1대

당근 1/2개

셀러리 1/2대

마늘 5개

월계수 잎 2장

통후추 10알

준비하기

· 향신 재료의 채소를 굵게 썰어 준비합니다.

조리하기

· 굵게 자른 채소와 나머지 향신 재료를 육수용 팩에 넣어 물과 함께 1시간가량 끓여줍니다.
· 끓이는 중간 떠오르는 거품은 제거해줍니다.
· 육수용 팩을 건져내고 찌꺼기가 남지 않도록 체에 걸러줍니다.

보관하기

· 식힌 후 냉장 보관합니다.
· 사용하지 않는 여분의 육수는 팩에 담아 냉동고에 보관합니다.

닭 육수

재료

닭 1마리
물 3L

향신 재료

양파 2개

대파 흰 부분 1대

당근 1/2개

셀러리 1/2대

마늘 5개

월계수 잎 2장

통후추 10알

준비하기

· 향신 재료의 채소를 굵게 썰어 준비합니다.
· 닭은 껍질을 벗겨 내고 꼬리를 잘라낸 후 속을 깨끗하게 씻어 준비합니다. 이 과정은 닭의 기름기가 많은 부분을 제거하기 위한 것입니다. 닭의 껍질을 그냥 벗겨내는 것이 어렵다면 끓는 물에 잠깐 데친 후 제거하도록 합니다.

조리하기

· 굵게 자른 채소와 나머지 향신 재료, 닭을 물과 함께 1시간~1시간 30분가량 끓여줍니다.
· 끓이는 중간 떠오르는 거품은 제거해줍니다.
· 건더기를 건져내고 찌꺼기가 남지 않도록 체에 걸러줍니다.

보관하기

· 차갑게 식힌 후 표면의 기름기를 제거해 냉장 보관합니다.
· 사용하지 않는 여분의 육수는 팩에 담아 냉동고에 보관합니다.

샐러드

Salad
1

어떠한 채소도 샐러드의 재료가 될 수 있어요.

아삭한 식감의 양상추나 로메인, 매콤한 맛이 느껴지는 겨자나 루꼴라,
우리에게 친숙한 상추, 깻잎, 시금치, 부드러운 맛의 프리세, 아삭한 엔다이브, 달콤한 멀티레터스 등
모두 나열할 수 없을 만큼 샐러드를 만들 수 있는 채소는 정말이지 무궁무진합니다.

생소한 채소 맛보기를 두려워하지 말고 다양한 채소를 접시에 가득 담아 샐러드를 만들어보세요.

각각의 채소들이 만들어내는 재미있는 식감과 맛으로 샐러드를 먹는 즐거움이 배가 될 거예요.

Ricotta Cheese Salad

수란을 올린 리코타 치즈 샐러드

기본 준비 과정에서 다루었던 리코타 치즈와 바질 페스토, 수란, 드라이 토마토를 한 접시에 담아내는
샐러드입니다. 미리 만들어두었던 기본 베이스들을 접시에 담아내는 것만으로도 하나의 요리가 뚝딱
완성된답니다.

재료

리코타 치즈
바질 페스토
수란
드라이 토마토
바질 잎
후추 또는 핑크페퍼
곁들임 빵

준비하기

· 리코타 치즈(p31 참고), 바질 페스토(p37 참고), 수란(p49 참고), 드라이 토
  마토(p41 참고)를 만들어줍니다.

플레이팅 하기

· 접시에 리코타 치즈를 둥글게 펼쳐 담습니다.
· 바질 페스토를 적당량 뿌린 후 수란을 올려줍니다.
· 드라이 토마토와 바질 잎을 올려 장식하고 후추 또는 핑크페퍼를 뿌려줍
  니다.
· 토스트한 빵을 곁들여냅니다.

Quinoa Salad

퀴노아 봄나물 샐러드

'곡물의 어머니'라는 뜻을 가지고 있는 퀴노아는 우유를 대체할 만큼의 고단백질을 가지고 있어 대표적인 슈퍼 푸드로 알려져 있습니다.

퀴노아는 밥, 수프, 음료, 베이킹 재료 등으로 다양하게 활용할 수 있지만 입 안에서 톡톡 터지는 재미있는 식감과 퀴노아가 가진 고소한 맛을 보다 온전히 느끼기에는 샐러드가 제격인 듯합니다.

퀴노아를 삶으면 알갱이가 터지며 숨어 있던 하얀 싹이 하나 둘 모습을 보이는데 마치 싹이 난 것 같은 그 모습이 참 귀엽게 느껴집니다.

겨울을 이겨내고 자라난 봄나물과 퀴노아를 곁들여 영양 가득한 샐러드를 만들어보세요.

재료

퀴노아 25g

봄나물

| 달래
| 돌나물
| 세발나물 등

허니 레몬 드레싱
방울토마토
과일

준비하기

· 봄나물은 먹기 좋은 크기로 잘라 준비합니다.

조리하기

· 허니 레몬 드레싱(p13 참고)을 만들어줍니다.
· 1% 소금을 녹인 물을 끓여 퀴노아를 넣고 약 15분간 삶아줍니다.
· 삶은 퀴노아는 체에 밭쳐 물기를 제거해 식혀줍니다.

플레이팅 하기

· 샐러드용 용기에 손질한 나물과 방울토마토, 과일, 퀴노아를 켜켜이 쌓아 담아줍니다.
· 허니 레몬 드레싱을 뿌려줍니다.

Grilled Romaine Salad

구운 로메인 샐러드

로메인은 상추의 일종이지만 상추에 비해 아삭한 식감은 더 뛰어나면서 쓴맛은 더 적게 가지고 있어 샐러드 채소로 애용되고 있습니다. 로메인의 아삭한 식감 그대로도 물론 훌륭하지만 로메인을 구우면 특유의 달고 고소한 맛이 살아나 또 다른 색다른 맛을 즐길 수 있습니다. 구운 로메인에 심플한 드레싱을 곁들여보세요. 로메인의 달콤한 맛을 보다 온전히 느낄 수 있을 거예요.

재료

로메인 1통
허니 레몬 드레싱
파르메산 치즈
캐슈넛 10알
토마토 1/2개

준비하기

· 로메인은 길이로 반을 잘라 준비합니다.
· 캐슈넛은 오븐이나 마른 팬에 노릇하게 구운 후 굵게 다져 준비합니다.
· 토마토는 씨를 긁어내고 사방 1cm 크기로 잘라 준비합니다.

조리하기

· 허니 레몬 드레싱(p13 참고)을 만들어줍니다.
· 그릴 팬을 뜨겁게 달구어 기름을 살짝 발라준 후 로메인의 안쪽 면을 그릴 색이 나도록 구워줍니다.

플레이팅 하기

· 구운 로메인을 접시에 담습니다.
· 다진 캐슈넛과 토마토를 올린 후 파르메산 치즈를 갈아 올려줍니다.
· 허니 레몬 드레싱을 뿌려줍니다.

Gravlax Salad

연어 그라브락스 샐러드

그라브락스(Gravlax)는 '묻는다'는 뜻의 '그라브(Grav)'에 '연어'를 뜻하는 '락스(Lax)'가 합해져 '땅속에 묻은 연어'를 의미하는 단어입니다. 예전에는 연어를 소금에 절여 땅에 묻어 발효시켰기 때문에 이러한 이름으로 불리게 되었다고 해요.

연어에 설탕, 소금, 후추, 과일의 제스트, 딜 등을 버무려 숙성시키면 연어에 짭조름한 맛이 배어들어 감칠맛과 향이 생겨나고 수분이 빠지며 쫄깃한 식감으로 변하게 됩니다.

절여낸 진한 주홍빛의 그라브락스는 그대로 먹어도 훌륭하지만 채소를 곁들여 샐러드나 샌드위치로 만들면 근사한 브런치로 즐길 수 있답니다.

재료

연어 그라브락스

| 연어 250g
| 소금 20g
| 설탕 40g
| 오렌지 제스트 1개분
| 레몬 제스트 1개분
| 딜 5g
| 굵게 갈은 통후추 2g

샐러드 채소
오이
양파
케이퍼
허니 레몬 드레싱

준비하기

<u>그라브락스 만들기</u>

· 연어는 껍질과 뼈를 제거해 손질합니다.

· 소금, 설탕, 굵게 빻은 후추, 오렌지와 레몬의 제스트, 다진 딜을 섞어 연어의 전체 면에 골고루 발라줍니다.

· 공기가 통하지 않도록 포장한 후 이틀간 냉장고에 넣어 숙성합니다.

조리하기

· 허니 레몬 드레싱(p13 참고)을 만들어줍니다.

· 샐러드 채소는 먹기 좋은 크기로 잘라 준비합니다.

· 오이는 껍질을 벗긴 후 감자 필러를 이용해 길이 방향으로 얇게 슬라이스해줍니다.

· 양파와 레몬은 0.5cm 두께로 슬라이스해줍니다.

· 연어에 붙어 있는 양념을 칼등으로 가볍게 긁어 제거하고 얇게 포를 뜹니다.

플레이팅 하기

· 접시에 먹기 좋게 손질한 샐러드 채소, 오이, 양파, 레몬, 연어를 보기 좋게 올립니다.

· 케이퍼, 딜을 올려 장식합니다.

· 허니 레몬 드레싱을 곁들여 냅니다.

Cobb Salad

콥 샐러드

콥 샐러드는 'Cobb'이라는 요리사가 주방에서 남은 재료를 가지고 만든 샐러드가 유명세를 타며 샐러드의 한 종류로 자리 잡게 되었다고 해요.

어떠한 재료를 올려도 상관없기 때문에 저는 일명 '냉장고 털이 샐러드'라고 부른답니다.

지금 당장 냉장고를 뒤져 남아 있는 채소며 과일, 달걀, 치즈 등을 올려 만들어보세요. 냉장고 정리를 하는 동시에 맛있는 샐러드가 만들어지게 될 거예요.

드레싱은 어떤 재료와도 잘 어울리는 사워크림 드레싱과 발사믹 글레이즈를 곁들였습니다.

재료

샐러드용 채소
베이컨
아보카도
방울토마토
옥수수
과일
소시지
부라타 치즈
사워크림 드레싱
발사믹 글레이즈

Salad

준비하기

· 샐러드용 채소는 먹기 좋은 크기로 잘라 준비합니다.
· 베이컨은 1cm 폭으로 잘라 준비합니다.
· 아보카도는 껍질과 씨를 제거한 후 속을 파내어 먹기 좋은 크기로 썰어 준비합니다.
· 방울토마토는 윗부분에 칼집을 낸 후 꼬지에 끼워 준비합니다.
· 과일은 먹기 좋은 크기로 손질해 준비합니다.
· 소시지는 칼집을 내어 준비합니다.

조리하기

· 기름을 두르지 않은 팬에 베이컨을 담고 약불에서 바삭하게 구워줍니다.
· 180도로 예열한 오븐에 꼬지에 끼운 방울토마토와 소시지를 넣어 방울 토마토는 껍질이 살짝 벗겨지도록(약 3분), 소시지는 속까지 뜨겁게 익도 록(약 5분간) 구워냅니다.
· 사워크림 드레싱(p17 참고)과 발사믹 글레이즈(p18 참고)를 만들어줍니다.

플레이팅 하기

· 접시에 샐러드용 채소를 담고 사워크림 드레싱과 발사믹 글레이즈를 뿌 려줍니다.
· 준비한 나머지 재료들을 예쁘게 올려냅니다.

Salad

TIP 샐러드 채소 위에 드레싱을 뿌린 후 그 위에 나머지 작은 크기의 재료들을 올리면 재료
들이 그대로 드러나 더욱 풍성해 보이는 플레이팅을 완성할 수 있습니다.

Grilled Vegetables Salad

구운 채소 샐러드

고백하자면 저는 가지와 호박을 그다지 좋아하지 않았어요.
반찬으로 양념에 푹 절여 나오는 흐물흐물한 그 식감이 싫었거든요.
그런 제가 채소 마니아가 된 이유는 바로 구운 채소의 맛을 알게 되면
서 부터였답니다.
소금으로 양념한 채소를 달군 팬에 지지듯 구워주면 수분이 빠져나가
꼬들꼬들하고 달콤한 맛을 가지게 되는데, 푹 익어 흐물흐물해진 채소
에서는 느낄 수 없는 또 다른 식감과 맛을 즐길 수 있습니다.

재료

파프리카 1/2개

가지 1/2개

주키니 호박 1/2개

방울토마토 3개

샐러드 채소

토르티야 1장

사워크림 드레싱

발사믹 글레이즈

준비하기

· 파프리카는 토치로 표면을 그을려 준 후 껍질을 벗겨내고 1cm 두께로 채 썰어 준비합니다.

· 가지와 주키니 호박은 1cm 두께로 썰어준 후 소금과 후추를 뿌려 수분이 배어 나오도록 잠시 놓아둡니다.

· 수분이 배어나오면 티슈로 닦아 물기를 제거합니다.

· 방울토마토는 반으로 잘라 준비합니다.

TIP | 토치가 없을 경우엔 가스레인지 위에 파프리카를 올려 굴려가며 껍질을 구워주면 됩니다.

조리하기

· 그릴 팬에 기름을 가볍게 발라 가지와 호박을 앞뒤로 그릴색이 나도록 구워줍니다.

· 사워크림 드레싱(p17 참고)과 발사믹 글레이즈(p18 참고)를 만들어줍니다.

플레이팅 하기

· 토르티야를 펼쳐 샐러드 채소를 올린 후 파프리카, 가지와 호박, 방울토마토를 올립니다.

· 사워크림 드레싱과 발사믹 글레이즈를 뿌려줍니다.

· 예쁘게 모양 잡아 말아줍니다.

Salad

Oven Roasted Potato

로즈마리 감자구이

겉은 바삭하고 속은 촉촉하게 익은 감자의 식감과 코끝에 느껴지는 향긋한 로즈마리 향이 일품입니다. 감자를 잘라 간을 하고 다진 로즈마리를 섞어 오븐에 굽기만 하면 되는 과정으로 기름에 튀기지 않아 담백하고 더 건강하게 먹을 수 있답니다.

재료

감자 500g

올리브 오일 30g

로즈마리 1g

소금 3g

후추

사워크림 드레싱

준비하기

· 감자는 껍질 채 깨끗하게 씻어 웨지 모양으로 썰어 준비합니다.

· 로즈마리는 줄기를 제거하고 잎을 다져 준비합니다.

· 오븐을 180도로 예열해 준비합니다.

조리하기

· 썰어둔 감자에 올리브 오일, 다진 로즈마리, 소금, 후추를 섞어줍니다.

· 180도로 예열한 오븐에서 약 30분간 구워냅니다.

· 굽는 중간 감자를 뒤집으면서 고르게 색이 날 수 있도록 해줍니다.

· 사워크림 드레싱(p17 참고)을 만들어줍니다.

플레이팅 하기

· 그릇에 구워낸 감자를 담아 사워크림 드레싱을 곁들여냅니다.

Balsamic Vegetables Salad

발사믹 채소 샐러드

달싹하게 구운 채소에 직접 조린 발사믹 글레이즈 드레싱을 버무려 만
드는 샐러드예요.
달콤하고 진한 풍미의 발사믹 글레이즈에 홀그레인 머스터드를 더해
톡톡 터지며 알싸한 매콤함을 느낄 수 있도록 했습니다. 홀그레인 머
스터드는 겨자씨의 알갱이가 살아 있는 부드러운 향을 가진 머스터드
로 겨자씨가 내는 맛이 발사믹과 어우러져 채소의 맛을 한층 더 살려
줍니다.

재료

샐러드 채소
방울토마토 200g
모차렐라 볼 치즈 5개
가지 1/2개
양송이버섯 5개
파프리카 1/2개

드레싱

발사믹 글레이즈 40g
올리브 오일 20g
홀그레인 머스터드 10g

파르메산 치즈
이탈리안 파슬리

준비하기

· 샐러드 채소는 먹기 좋은 크기로 잘라 준비합니다.
· 방울토마토는 뜨거운 물에 데쳐 껍질을 벗겨 준비합니다(p56 참고).
· 가지는 1cm 두께로 잘라 소금, 후추를 뿌려 15분간 절여두고 표면에 생긴 물기를 티슈로 닦아 준비합니다.
· 양송이버섯은 껍질을 손질하고 반으로 잘라 준비합니다.
· 파프리카는 토치로 표면을 그을려 껍질을 제거하고 한입 크기로 잘라 준비합니다.

조리하기

· 그릴 팬에 기름을 가볍게 발라 가지와 양송이버섯을 앞뒤로 그릴색이 나도록 구워줍니다.
· 발사믹 글레이즈(p18 참고)에 올리브 오일과 홀 그레인 머스터드를 섞어 드레싱을 완성합니다.
· 손질한 재료들을 모두 볼에 담고 드레싱을 넣어 버무려줍니다.

플레이팅 하기

· 샐러드 채소를 접시 위에 담고 버무린 채소를 소복이 쌓아 올려줍니다.
· 파르메산 치즈를 갈아 올리고 다진 이탈리안 파슬리를 뿌려 마무리합니다.

Cauliflower

콜리플라워

브로콜리와 비슷하게 생겨 하얀색의 브로콜리로 간혹 혼동되기도 하는 콜리플라워는 비타민 C와 식이섬유를 풍부하게 함유하고 있어 슈퍼 푸드의 한 종류로 꼽히고 있습니다.

콜리플라워는 양배추로부터 변이되어 만들어졌기 때문에 꽃양배추라고도 불리고 있습니다. 꽃이라는 단어가 붙은 이유는 콜리플라워의 전체를 이루는 하얀 덩어리가 바로 꽃들이 빽빽하게 무리 지어 만들어진 것이기 때문입니다.

담백한 향과 더불어 부드러운 식감과 맛을 가지고 있어 다양한 요리에 활용되는데 오븐에 굽거나 살짝 볶아주는 것만으로도 충분히 맛있는 콜리플라워의 맛을 즐길 수 있답니다.

Oven Roasted Cauliflower

콜리플라워 오븐 구이

마리네이드한 콜리플라워를 오븐에 구워내 매콤한 드레싱을 곁들이는 것만으로도 훌륭한 샐러드를 만들 수 있습니다. 오븐에서 꺼내 파르메산 치즈를 듬뿍 갈아 올리고 따뜻하게 즐겨보세요. 입안 가득 부드럽게 부서지는 콜리플라워와 치즈의 풍미는 환상적인 경험이 될 거예요.

재료

콜리플라워 300g
레몬즙 20g
소금
후추
올리브 오일 20g
파르메산 치즈 적당량
이탈리안 파슬리

준비하기

· 콜리플라워의 겉잎을 제거하고 흐르는 물에 씻어낸 후 1cm 두께로 잘라 준비합니다.
· 오븐을 180도로 예열해 준비합니다.

조리하기

· 오븐 팬 위에 손질한 콜리플라워를 펼쳐 올립니다.
· 레몬즙, 소금, 후추, 올리브 오일을 뿌린 후 파르메산 치즈를 갈아 올려 줍니다.
· 예열한 오븐에 넣어 약 15~20분간 구워줍니다.
· 스파이시 드레싱(p21 참고)을 만들어줍니다.

플레이팅 하기

· 구워낸 콜리플라워를 접시에 가지런히 담고 스파이시 드레싱을 뿌려 냅니다.
· 여분의 파르메산 치즈와 다진 이탈리안 파슬리를 뿌려 마무리합니다.

Oven Roasted Cauliflower

Hummus

후무스

우리의 김치와 같이 중동의 테이블에는 후무스가 빠지지 않고 올라간
다고 해요.

'후무스가 없는 식탁은 이야기가 없는 아라비안나이트와 같다'라는 말
이 있을 정도니 후무스에 대한 애정이 얼마나 대단한지 엿볼 수 있죠.

노란 빛깔의 부리가 삐죽 나온 듯한 귀여운 외관의 병아리 콩은 삶으
면 밤과 같은 고소한 맛이 나는데 이 삶은 병아리 콩에 마늘과 레몬,
올리브 오일을 넣어 갈아주는 것만으로도 완성할 수 있는 요리가 바로
후무스입니다.

그냥 먹어도 좋고 채소나 빵을 곁들여 스프레드처럼 먹어도 좋습니
다. 샐러드에 곁들이면 더욱 풍성한 플레이트를 완성할 수 있어요.

재료

후무스

병아리 콩 150g

마늘 1개

레몬즙 10g

올리브 오일 100g

소금

후추

올리브 오일

파프리카 가루

이탈리안 파슬리 또는 고수

곁들임 빵 혹은 토르티야

준비하기

· 병아리 콩은 흐르는 물에 씻은 후 물을 가득 담아 부피가 2배 이상 늘어 나도록 반나절 이상 불려 준비합니다.

조리하기

· 1%의 소금을 넣은 물을 끓여 병아리 콩을 약 20분간 삶아줍니다.

· 삶은 병아리 콩은 체로 건져 물기를 제거하고 병아리 콩을 삶은 물은 따로 보관해둡니다.

· 삶은 병아리 콩과 마늘, 레몬즙, 올리브 오일을 믹서기에 넣어 갈아줍니다.

· 수분이 부족할 경우 따로 보관해둔 병아리 콩 삶은 물을 조금씩 넣어가며 되기를 맞춰줍니다.

· 최종 질감은 약간 뻑뻑한 정도로 입자는 취향에 따라 곱게 갈아 부드럽게 완성할 수도 있고, 씹히는 덩어리가 있도록 완성할 수도 있습니다.

· 소금과 후추를 넣어 간을 맞춰줍니다.

플레이팅 하기

· 그릇에 후무스를 펼쳐 담습니다.

· 그 위에 올리브 오일, 파프리카 가루, 이탈리안 파슬리 또는 고수를 올립니다.

· 빵이나 토르티야를 함께 곁들여 냅니다.

샌드위치

Sandwich
2

간단하고 가볍지만 든든한 샌드위치야말로 브런치의 중심에 있는 메뉴가 아닐까 생각합니다.

샌드위치는 빵을 가장 다양하고 매력적으로 즐길 수 있는 방법이죠.

부드러운 식감의 촉촉한 식빵이나 쫄깃하고 담백한 맛의 발효 빵, 바사삭 부서지는 크루아상
어떤 빵이라도 샌드위치가 될 수 있어요.

같은 속 재료를 사용하더라도 빵이 가진 식감에 따라 맛의 밸런스가 달라집니다.
하지만 정해진 답은 없습니다. 그저 내가 좋아하는 식감을 찾아가는 거죠.

바질 샌드위치

바삭하게 구운 빵과 달콤한 시나몬 허니 버터, 부드러운 치즈, 진한 바질 페스토로 만드는 바질 샌드위치는 샌드위치 메뉴 중 계절을 가리지 않고 가장 인기가 많았던 메뉴 중 하나입니다. 바질의 쌉싸름한 맛을 시나몬 허니 버터와 리코타 치즈가 부드럽게 감싸줍니다. 여기에 구워내어 더욱 달콤해진 토마토를 곁들이면 매장에서 먹던 그 샌드위치의 맛을 그대로 느낄 수 있습니다.

재료

식빵
시나몬 허니 버터
리코타 치즈
바질 페스토
발사믹 글레이즈
파르메산 치즈
방울토마토
바질 잎

준비하기

· 시나몬 허니 버터(p25 참고), 리코타 치즈(p31 참고), 바질 페스토(p37 참고), 발사믹 글레이즈(p18 참고)를 만들어 준비합니다.

조리하기

· 방울토마토는 꼬지에 끼워 180도로 예열한 오븐에 넣어 껍질이 벗겨지도록(약 3분) 구워냅니다.
· 식빵을 2cm 두께로 잘라 오븐에서 노릇하게 토스트합니다.
· 구워낸 식빵 위에 시나몬 허니 버터를 바르고 리코타 치즈를 듬뿍 올린 후 바질 페스토를 발라줍니다.
· 발사믹 글레이즈를 지그재그로 뿌려준 후 파르메산 치즈를 갈아 올려줍니다.
· 구운 방울토마토와 바질 잎을 올려 장식합니다.

TIP
· 토마토를 살짝 구워주면 신맛을 줄이고 단맛을 끌어올릴 수 있습니다. 또 자연스럽게 껍질이 벗겨져 더 부드러운 식감으로 먹을 수 있습니다.
· 구운 방울토마토 대신 드라이 토마토(p41 참고)를 사용해도 좋습니다.

카프레제 샌드위치

토마토, 모차렐라 치즈, 바질을 주재료로 만들어지는 카프레제 샌드위치는 토마토의 상큼한 맛과 부드러운 모차렐라 치즈, 향긋한 바질 향이 한데 어우러져 조화로운 맛을 내는 샌드위치입니다. 각 재료가 가진 빨간색, 하얀색, 초록색이 이탈리아 국기의 색과 같다 하여 이탈리아를 상징하는 요리 재료로 대표되기도 합니다.

재료

식빵
시나몬 허니 버터
바질 페스토
샐러드 채소
토마토
모차렐라 치즈 슬라이스
발사믹 글레이즈
파르메산 치즈
바질 잎

준비하기

· 시나몬 허니 버터(p25 참고), 바질 페스토(p37 참고), 발사믹 글레이즈(p18 참고)를 만들어 준비합니다.
· 토마토는 1cm 두께로 슬라이스해 준비합니다.

조리하기

· 식빵을 2cm 두께로 잘라 오븐에 노릇하게 토스트합니다.
· 구워낸 식빵 위에 시나몬 허니 버터를 바르고 바질 페스토를 가볍게 발라줍니다.
· 샐러드 채소를 올린 후 발사믹 글레이즈를 뿌려줍니다.
· 슬라이스 토마토와 모차렐라 치즈를 교차로 올려줍니다.
· 파르메산 치즈를 갈아 올린 후 바질 잎을 올려 장식합니다.

Egg Sandwich

에그 샌드위치

마요네즈에 버무린 달걀 속을 빵에 가득 채워 만드는 이 샌드위치는 제게는 어린 날의 추억을 떠올리게 합니다.

주말 아침이면 삶은 달걀에 채소를 넣어 마요네즈에 버무린 속을 식빵에 올려 만들어주셨던 소박하지만 정성이 가득했던 엄마의 특제 간식. 싫어했던 채소가 가득 들어 있음에도 불구하고 이 샌드위치는 늘 맛있게 먹었어요.

재료

속 재료

달걀 2개

양파 20g

셀러리 20g

피클 20g

마요네즈 60g

설탕 3g

소금, 후추

크루아상

시나몬 허니 버터

샐러드 채소

준비하기

· 시나몬 허니 버터(p25 참고)를 만들어 준비합니다.

· 달걀을 완숙으로 삶아 큼직하게 다져 준비합니다.

· 양파와 셀러리는 잘게 다져 차가운 물에 10분간 담근 후 물기를 완전히 제거해 준비합니다.

· 피클은 잘게 다져 물기를 제거해줍니다.

조리하기

· 준비한 달걀, 양파, 셀러리, 피클, 마요네즈, 설탕을 볼에 담고 섞어줍니다.

· 소금, 후추를 넣어 간을 합니다.

· 크루아상의 반을 갈라 빵의 안쪽 면에 시나몬 허니 버터를 바르고 샐러드 채소를 올려줍니다.

· 속 재료를 가득 채워 넣어 마무리합니다.

Prosciutto Sandwich

파인애플 프로슈토 샌드위치

프로슈토는 돼지의 뒷다리를 소금에 절여 발효시켜 만드는 이탈리아의 생햄으로 짭조름한 맛과 동시에 진한 풍미를 가지고 있습니다. 주로 과일을 곁들여 입맛을 돋우어주는 애피타이저로 사용되지만 샐러드나 샌드위치의 속 재료, 고기의 깊은 풍미를 내주는 요리 재료로도 많이 사용되고 있습니다. 달콤한 과일에 얇게 썬 프로슈토를 곁들이면 과일의 단맛이 햄의 짠맛을 보완해주어 햄이 가진 고소하고 깊은 풍미를 그대로 느낄 수 있습니다.

재료

캉파뉴
리코타 치즈
루꼴라
발사믹 글레이즈
파인애플
프로슈토
파르메산 치즈
드라이 토마토

준비하기

· 리코타 치즈(p31 참고), 발사믹 글레이즈(p18 참고), 드라이 토마토(p41 참고)를 만들어 준비합니다.

조리하기

· 파인애플을 그릴 팬에 앞뒤로 색이 나도록 구워 준비합니다.
· 캉파뉴를 2cm 두께로 잘라 버터를 녹인 팬에 앞뒤로 노릇하게 구워냅니다.
· 구워낸 빵 위에 리코타 치즈를 듬뿍 올립니다.
· 루꼴라를 올린 후 발사믹 글레이즈를 뿌려줍니다.
· 파인애플과 프로슈토를 교차로 올려줍니다.
· 파르메산 치즈를 갈아 올린 후 드라이 토마토를 올려 장식합니다.

TIP · 파인애플을 구워주면 단맛이 더욱 살아납니다.
· 멜론과 같이 단맛이 강한 다른 과일로 대체해도 좋습니다.

연어 그라브락스 샌드위치

마스카포네 치즈에 알싸한 홀스레디쉬를 넣어 만든 소스는 부드러우면서도 매콤하고, 가벼우면서도 딜의 독특한 향이 진하게 배어들어 있어 연어를 더욱 맛있게 즐길 수 있게 해줍니다. 베이글의 쫄깃한 식감과 연어의 감칠맛, 소스의 풍미가 적절히 어우러진 샌드위치입니다.

재료

소스

마스카포네 치즈 50g
홀스레디쉬 20g
레몬즙 5g
꿀 10g
딜 2g
소금
후추

베이글
양파
아보카도
오이
연어 그라브락스
샐러드 채소
딜
케이퍼

준비하기

· 마스카포네 치즈를 티슈에 감싸 수분을 제거해 준비합니다.
· 연어 그라브락스(p76 참고)를 만들어 준비합니다.
· 연어 그라브락스, 양파, 아보카도, 오이를 얇게 슬라이스해 준비합니다.

조리하기

· 수분을 제거한 마스카포네 치즈에 홀스레디쉬, 레몬즙, 꿀, 다진 딜을 넣어 섞어줍니다.
· 소금, 후추로 간을 맞추어 소스를 완성합니다.
· 베이글을 반으로 잘라 오븐에서 노릇하게 토스트해줍니다.
· 베이글 안쪽 면에 소스를 듬뿍 발라준 후 샐러드 채소를 올립니다.
· 양파와 아보카도, 오이, 연어 그라브락스를 올려줍니다.
· 딜과 케이퍼를 올려 마무리합니다.

Potato Cream

감자 크림

감자 크림은 감자 샐러드를 모티브로 샌드위치 위에 올리는 속 재료용으로 만든 크림이에요. 감자로 만든 샐러드를 예전엔 '감자 사라다'라고 불렀지요. 샐러드란 정식 명칭이 있지만 어쩐지 감자 샐러드보다는 감자 사라다가 추억과 겹쳐져 더 정감이 갑니다. 포슬포슬 으깬 감자에 식감을 더해줄 채소를 넣어 고소한 마요네즈에 버무린 이 간단한 샐러드가 어찌나 맛있었는지 수저로 마구 퍼먹었던 기억이 납니다. 감자 크림을 올린 샌드위치는 든든한 포만감을 느낄 수 있어 식사용 샌드위치로 더할 나위 없이 좋습니다. 감자 크림에 수란과 새우를 올린 두 가지 샌드위치를 소개합니다. 두 샌드위치 모두 감자 크림을 기본 베이스로 하고 있지만 각각의 주재료가 달라지며 매우 다른 매력의 맛을 가지게 됩니다.

재료

감자 200g
양파 30g
셀러리 20g
마요네즈 50g
파르메산 치즈 10g
소금
후추

준비하기

· 양파와 셀러리는 잘게 다진 후 차가운 물에 10분간 담가두었다가 물기
  를 완전히 제거해 준비합니다.

조리하기

· 감자의 껍질을 벗겨 찜기에 쪄준 후 뜨거울 때 매셔로 으깨어줍니다.
· 으깬 감자에 양파와 셀러리, 마요네즈, 그레이터에 내린 파르메산 치즈
  를 섞어줍니다.
· 소금, 후추로 간을 해 마무리합니다.

수란과 아스파라거스를 올린
감자 크림 샌드위치

감자 크림에 부드럽게 익힌 아스파라거스와 수란을 올려 만든 샌드위치입니다.
스파이시 드레싱의 매콤한 맛어 감자 크림의 무거운 맛을 보완해 보다 깔끔한 맛을 즐길 수 있습니다.
수란을 톡 터뜨려 흘러내리는 고소한 노른자를 소스 삼아 먹어보세요.

재료

캉파뉴
감자 크림
미니 아스파라거스
스파이시 드레싱
수란
후추 또는 핑크페퍼

준비하기

· 감자 크림(p117 참고), 스파이시 드레싱(p21 참고), 수란(p49 참고)을 만들어 준비합니다.

조리하기

· 팬에 버터를 녹여 아스파라거스를 볶아준 후 소금, 후추로 간을 합니다.
· 캉파뉴를 2cm 두께로 잘라 버터를 녹인 팬에 앞뒤로 노릇하게 구워줍니다.
· 구운 빵 위에 감자 크림을 듬뿍 올리고 구운 아스파라거스를 올립니다.
· 스파이시 드레싱을 뿌려줍니다.
· 수란을 올린 후 후추나 핑크페퍼를 뿌려 마무리합니다.

TIP | 미니 아스파라거스는 줄기가 연해 오래 볶으면 물러질 수 있으니 재빨리 볶아냅니다.

새우를 올린
감자 크림 샌드위치

버터를 녹여 새우에 향을 입히고 지글지글 구워내는 방법이야말로 새우를 가장 맛있게 먹는 방법이 아닐까 합니다. 노릇하게 구운 새우는 속은 촉촉하고 겉은 쫄깃하면서 새우가 가진 고소한 맛을 한껏 발산합니다.

재료

캉파뉴
새우
감자 크림
샐러드 채소
스파이시 드레싱
파르메산 치즈

준비하기

· 감자 크림(p117 참고), 스파이시 드레싱(p21 참고)을 만들어 준비합니다.
· 새우는 꼬리를 제외한 머리와 껍질을 벗겨내고 내장을 제거해 손질합니다.

조리하기

· 팬에 버터를 녹여 새우를 볶아준 후 소금, 후추로 간을 합니다.
· 캉파뉴를 2cm 두께로 잘라 버터를 녹인 팬에 앞뒤로 노릇하게 구워줍니다.
· 구운 빵 위에 감자 크림을 듬뿍 올리고 샐러드 채소를 올립니다.
· 스파이시 드레싱을 뿌려줍니다.
· 구운 새우를 모양 잡아 올리고 파르메산 치즈를 갈아 올려 마무리합니다.

아보카도

'숲속의 버터'라고도 불리는 아보카도는 식물성 지방 함량이 높고 단백질, 탄수화물, 비타민 등의 영양가를 고르게 갖추고 있습니다. 버터와 같이 부드러운 식감과 고소하고 담백한 맛을 가지고 있어 그대로 섭취하거나 샐러드, 소스의 재료로 많이 사용됩니다.

아보카도의 껍질은 악어 껍질처럼 우둘투둘한 표면을 가지고 있으며 익지 않았을 때에는 선명한 녹색을 띠다가 후숙이 되어 익을수록 검은 빛의 진녹색으로 변하게 됩니다. 과육을 반으로 갈라보면 가운데 동그란 씨가 있습니다.

아보카도를 고를 때에는 꼭지가 말라 있지 않고 표면에 상처가 없는 것으로 고릅니다.

맛있는 아보카도를 맛보려면 기다림이 필요합니다.

아보카도는 보통 후숙이 되지 않은 선명한 녹색의 단단한 상태로 판매되고 있는데 이것을 실온에 두면 껍질의 색이 검은 빛의 진녹색으로 변하며 과육의 질감이 부드러워집니다.
이 과정을 '후숙'이라고 부르는데 후숙 과정을 거쳐 부드러워진 과육의 아보카도는 수저로도 가볍게 떠질 정도로 입 안에서 살살 녹는 부드러운 질감으로 변하게 됩니다.

후숙이 지나치게 진행되면 거뭇한 점이 생기고 물이 생겨 먹을 수 없게 되니 상태를 살피는 주의가 필요합니다.

바로 사용하지 않을 아보카도는 냉장고에 넣어 보관하는데 냉장고에서는 후숙이 진행되지 않아 약 한 달간 보관이 가능합니다.

아보카도를 2~3일 전에 미리 사두어 맛있게 후숙된 그 순간 요리에 사용해보세요. 아보카도를 숲속의 버터라고 칭하는 이유를 알게 될 거예요.

Guacamole Sandwich

아보카도 과카몰리 샌드위치

과카몰리(Guacamole)에서 '과카(Guaca)'는 멕시코어로 아보카도를, '몰리(Mole)'는 소스를 뜻하는 말입니다. 잘 익은 아보카도를 으깨어 양파와 토마토, 레몬즙이나 라임즙을 넣어 만드는 이 소스는 멕시코의 대표적인 소스 중 하나로 주로 샐러드로 먹거나 토르티야나 빵에 올려 즐기고 있습니다.

재료

아보카도 과카몰리

아보카도 130g

양파 30g

토마토 50g

라임즙 15g

소금

후추

식빵

시나몬 허니 버터

리코타 치즈

샐러드 채소

사워크림 드레싱

발사믹 글레이즈

수란

후추 또는 핑크페퍼

이탈리안 파슬리 또는 고수

준비하기

· 아보카도는 씨를 제거하고 속을 파낸 후 굵게 다지거나 으깨어 준비합니다.

· 양파는 굵게 다져 준비합니다.

· 토마토는 씨를 긁어 제거한 후 굵게 다져 준비합니다.

· 시나몬 허니 버터(p25 참고), 리코타 치즈(p31 참고), 사워크림 드레싱(p17 참고), 발사믹 글레이즈(p18 참고), 수란(p49 참고)을 만들어 준비합니다.

조리하기

· 아보카도에 다진 양파와 토마토, 라임즙을 넣어 섞은 후 소금, 후추를 넣어 간을 합니다.

· 식빵을 2cm 두께로 잘라 오븐에 노릇하게 토스트합니다.

· 구워낸 식빵 위에 시나몬 허니 버터를 바른 후 리코타 치즈를 듬뿍 올려줍니다.

· 샐러드 채소를 올리고 사워크림 드레싱과 발사믹 글레이즈를 뿌립니다.

· 그 위에 아보카도 과카몰리를 도톰하게 쌓아 올려줍니다.

· 수란을 올린 후 후추나 핑크페퍼를 뿌립니다.

· 이탈리안 파슬리나 고수 잎을 올려 장식합니다.

TIP | 라임즙은 상큼한 맛을 냄과 동시에 아보카도의 변색을 막아줍니다. 라임즙이 없다면 레몬즙으로 대체 가능합니다.

Mini Hamburger

미니 햄버거

햄버거는 빵 사이에 고기 패티와 채소, 소스를 샌드해 만드는 미국식 샌드위치의 일종입니다. 간 고기를 납작하게 구워 만드는 패티는 우리나라의 떡갈비와도 유사한데 이 패티를 그대로 구워 소스를 곁들이면 함박(햄버거의 일본식 표현) 스테이크가 됩니다. 또 작고 동그랗게 모양 잡아 미트볼을 만들 수도 있죠.

언젠가부터 햄버거는 빠르게 허기를 달래주는 패스트푸드의 의미가 되었습니다.

채소와 고기, 빵으로 이루어져 영양적인 면에서 고르게 배합되어 있음에도 불구하고 햄버거를 건강한 음식이라고 생각하는 사람은 많지 않죠. 냉동되어 유통되는 고기의 특성상 세균 문제에서 자유롭지 않아 사회적으로 이슈가 되고 있는 것도 사실이에요.

직접 만든 패티에서는 패스트푸드에서는 느낄 수 없는 고기의 부드러운 육즙을 그대로 느낄 수 있습니다. 직접 만들어 보다 건강하고 맛있는 햄버거의 맛을 느껴보세요. 스파이시 드레싱과 발사믹 글레이즈를 소스로 사용해 만든 햄버거를 소개합니다.

재료

패티 재료

양파 25g

셀러리 10g

당근 10g

마늘 1개

다진 소고기 150g

다진 돼지고기 150g

빵가루 10g

달걀 10g

소금 2g

후추

넛멕

모닝 빵

샐러드 채소

스파이시 드레싱

발사믹 글레이즈

토마토

양파

달걀 프라이

준비하기

패티 만들기

· 패티용 양파, 셀러리, 당근, 마늘을 잘게 다집니다.

· 팬에 올리브 오일을 두르고 패티용 채소의 수분이 모두 날아가도록 볶아
  줍니다.

· 볶은 채소를 충분히 식혀준 후 나머지 패티 재료와 섞어 끈끈한 찰기가
  생기도록 치대듯이 버무려줍니다. 모양을 잡기 전 충분히 치대어 패티 사
  이에 공기가 빠지도록 해주어야 고기를 굽는 도중 부서지지 않습니다.

· 두께가 1cm가 되도록 빵 크기에 맞추어 둥글고 납작하게 모양을 잡아줍니
  다.

· 패티의 가운데 지점을 엄지로 살짝 눌러줍니다. 가장 늦게 익는 가운데
  부분의 두께를 얇게 만들어 고기가 전체적으로 고르게 익도록 하기 위함
  입니다.

· 스파이시 드레싱(p21 참고), 발사믹 글레이즈(p18 참고)를 만들어 준비합
  니다.

· 토마토와 양파는 0.5cm 두께로 링으로 슬라이스해 준비합니다.

조리하기

· 올리브 오일을 두른 팬에 모양 잡은 패티를 올려 속까지 익도록 충분히
  구워줍니다.

· 빵을 반으로 슬라이스한 후 버터를 녹인 팬에 빵의 안쪽 면을 노릇하게
  구워줍니다.

· 빵 위에 샐러드 채소를 올린 후 스파이시 드레싱을 뿌리고 슬라이스한
  토마토와 양파를 올려줍니다.

· 구운 패티를 올리고 발사믹 글레이즈를 뿌려줍니다.

· 흰자는 부드럽게 익고 노른자는 익지 않은 상태인 써니 사이드 업으로
  조리한 달걀 프라이를 올리고 빵 뚜껑을 덮어 마무리합니다.

Yogurt Cream Sandwich

요거트 크림 과일 샌드위치

상큼한 요거트 크림을 이용해 만든 디저트용 샌드위치입니다.
유청을 제거한 요거트에 계절에 따라 다른 과일을 올려주는 것만으로도 가볍고 예쁘게 즐길 수 있는 샌드위치가 완성됩니다. 요거트 가루를 사용하지 않기 때문에 이물감 없는 부드럽고 진한 요거트를 맛볼 수 있어요.
계절에 어울리는 과일을 사용해 다양한 과일 샌드위치를 만들어보세요.

딸기를 올린 요거트 크림 샌드위치

재료

크루아상
시나몬 허니 버터
딸기잼
요거트 크림
딸기
발사믹 글레이즈

준비하기

· 시나몬 허니 버터(p25 참고), 딸기잼(p325 참고), 요거트 크림(p29 참고), 발사믹 글레이즈(p18 참고)를 만들어 준비합니다.

조리하기

· 크루아상을 반으로 잘라 빵의 안쪽 면에 시나몬 허니 버터를 발라줍니다.
· 그 위에 딸기잼을 바르고 요거트 크림을 듬뿍 올립니다.
· 손질한 딸기 과육을 올리고 발사믹 글레이즈를 뿌려줍니다.

체리와 블루베리를 올린 요거트 크림 샌드위치

재료

식빵

시나몬 허니 버터

요거트 크림

체리

블루베리

베리시럽

준비하기

· 시나몬 허니 버터(p25 참고), 요거트 크림(p29 참고), 베리시럽(p329 참고)
  을 만들어 준비합니다.

조리하기

· 식빵을 2cm 두께로 잘라 오븐에 노릇하게 토스트합니다.

· 구워낸 빵에 시나몬 허니 버터를 바른 후 요거트 크림을 듬뿍 올려줍니다.

· 손질한 과일을 올리고 베리시럽을 곁들여 냅니다.

캐러멜 바나나 요거트 크림 샌드위치

재료

식빵

시나몬 허니 버터

요거트 크림

바나나

그래놀라

아이스크림

캐러멜 소스

준비하기

· 시나몬 허니 버터(p25 참고), 요거트 크림(p29 참고), 그래놀라(p265 참고), 캐러멜 소스(p286 참고)를 만들어 준비합니다.

조리하기

· 바나나를 1cm 두께로 잘라 버터를 녹인 팬에 노릇하게 구워줍니다.

· 식빵을 2cm 두께로 잘라 오븐에 노릇하게 토스트합니다.

· 구워 낸 빵에 시나몬 허니 버터를 바른 후 요거트 크림을 듬뿍 올려줍니다.

· 구운 바나나를 올린 후 그래놀라를 뿌려줍니다.

· 아이스크림을 스쿱으로 모양을 잡아 올린 후 캐러멜 소스를 뿌려 완성합니다.

수프 & 스튜

Soup & Stew
3

'내 영혼을 위한, 내 영혼을 위로하는!'
수프를 비유한 표현들을 보면 유독 감정과 연결된 문장들이 많은 것 같아요.

쌀쌀한 계절이면 퇴근길에 혼자 들러 수프 한 그릇을 말끔히 비우고 가시던 분이 계셨어요.

수프를 좋아하는 분이라고만 생각했는데, 어느 날은 계산을 하시며
"이곳이 있어서 이 시간을 가질 수 있어서 고맙다"고 말씀하셨어요.

수줍은 듯 웃으며 조그맣게 건네던 그 말이 제게도 너무나 벅차서 오랜 시간이 지난 지금까지도 가끔 생각납니다.

뜨겁고 부드러운 수프 한 그릇으로 하루 종일 지친 마음을 위로하는 것, 그분도 그랬던 게 아닐까요.

나를, 누군가를 위로하고 달래줄 수 있는 음식이 있다는 건 정말이지 너무나 멋진 일입니다.

Croûton

크루통

크루통은 빵을 튀기거나 버터에 구워 수프나 샐러드에 곁들여 먹는 것으로 구워서 바삭한 크루통은 촉촉한 빵과는 또 다른 재미있는 식감을 선사합니다.
어디에나 곁들여도 좋을 담백한 맛의 크루통과 식사용 빵을 대신할 마늘과 허브 향을 입힌 크루통을 준비했습니다. 취향에 따라 좋아하는 크루통을 만들어 수프와 함께 즐겨보세요.

기본 크루통

재료

식빵 100g
올리브 오일 15g

준비하기

· 식빵의 가장자리를 잘라낸 후 사방 1cm 크기의 큐브 모양으로 썰어 준비합니다.

조리하기

· 올리브 오일을 전체적으로 고르게 뿌려 섞어줍니다.
· 170도로 예열한 오븐에 넣어 전체적으로 노릇해지도록 뒤적여가며 약 10분간 구워줍니다.

마늘 크루통

재료

바게트
올리브 오일 30g
마늘 2개
이탈리안 허브 시즈닝 1g
파르메산 치즈 적당량

준비하기

· 마늘은 곱게 다져 준비합니다.

· 올리브 오일에 다진 마늘, 이탈리안 허브 시즈닝을 넣어 섞어줍니다.

· 바게트를 1cm 두께로 잘라 준비합니다.

조리하기

· 슬라이스한 빵을 오븐 팬 위에 펼쳐 올립니다.

· 올리브 오일에 섞은 재료를 고르게 펴서 발라줍니다.

· 그레이터에 내린 파르메산 치즈를 윗면에 뿌려줍니다.

· 170도로 예열한 오븐에 넣어 약 5분간 구워줍니다.

TIP

이탈리안 허브 시즈닝이란 파슬리, 오레가노, 바질, 타임, 로즈마리 등의 여러 가지 건조 허브가 믹스된 제품으로 크루통에 향과 색을 내기 위해 사용합니다.

Potato Soup

감자 수프

감자는 주식으로 사용되었을 만큼 든든한 포만감을 줍니다. 특히 우유나 크림과도 잘 어울리는 맛을 가지고 있어 진한 감자 수프는 수프 메뉴 중에서도 단연 인기 있는 메뉴였답니다. 바삭하게 튀긴 베이컨 칩을 곁들이면 자칫 묵직하게 느껴질 수도 있는 감자 수프의 맛을 짭조름하게 간을 잡아줘 더욱 맛있게 즐길 수 있어요.

재료

버터 10g

양파 25g

감자 200g

채소 육수 200g

우유 100g

생크림 100g

파르메산 치즈 20g

소금

후추

넛멕

가니쉬용 베이컨 1장

크루통

파르메산 치즈

이탈리안 파슬리

준비하기

· 감자는 껍질을 벗겨 얇게 슬라이스한 후 차가운 물에 담가 전분을 제거합니다.

· 양파는 얇게 채를 썰어 준비합니다.

· 채소 육수는 뜨겁게 데워 준비합니다.

· 가니쉬용 베이컨은 1cm 폭으로 잘라 약불에서 바삭하게 튀기듯 볶아낸 후 기름을 제거해 준비합니다.

· 크루통(p140 참고)을 만들어 준비합니다.

조리하기

· 팬에 버터를 녹여 양파가 투명해지도록 볶다가 물기를 제거한 감자를 넣어 볶아줍니다. 하얀색의 수프를 만들기 위해서는 채소에 구움 색이 나지 않도록 주의하며 볶아주어야 합니다.

· 감자가 절반쯤 익으면 뜨겁게 데운 채소 육수를 넣어 감자가 완전히 익도록 삶아줍니다.

· 감자가 물러지고 육수가 자작하게 졸아들면 불을 끄고 우유를 넣어 믹서기로 곱게 갈아줍니다.

· 생크림을 넣어 섞어주고 파르메산 치즈를 넣어 녹여줍니다.

· 소금, 후추, 넛멕을 넣어 간을 맞춰줍니다.

플레이팅 하기

· 그릇에 데운 수프를 담고 크루통과 베이컨 칩을 올려줍니다.

· 파르메산 치즈를 갈아 올린 후 다진 이탈리안 파슬리와 후추를 뿌려 냅니다.

TIP | 감자에서 나오는 하얀 전분을 제거해주면 더욱 깔끔한 질감의 감자 수프를 만들 수 있습니다.

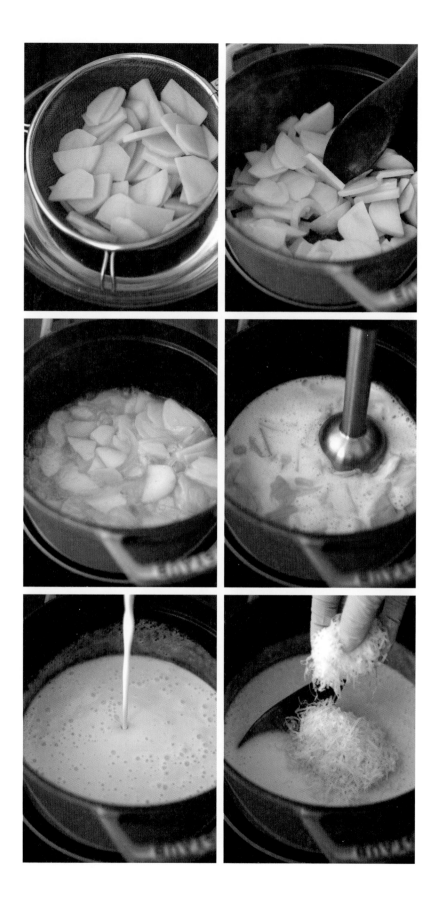

Sweet Potato Soup

꿀 고구마 수프

주황빛의 달콤한 호박 고구마가 나오는 계절엔 냄비 가득 진하고 달콤한 고구마 수프를 만들곤 합니다. 기분 좋을 만큼의 달콤한 맛을 가지고 있어 언제 먹어도 행복한 기분을 느끼게 해줍니다.

재료

버터 20g

양파 25g

셀러리 20g

고구마 225g

채소 육수 200g

우유 100g

생크림 100g

꿀 15g

소금

후추

크루통

파르메산 치즈

이탈리안 파슬리

준비하기

· 고구마는 껍질을 벗겨 얇게 슬라이스한 후 차가운 물에 담가 전분을 제거합니다.

· 양파와 셀러리는 얇게 채를 썰어 준비합니다.

· 채소 육수는 뜨겁게 데워 준비합니다.

· 크루통(p140 참고)을 만들어 준비합니다.

조리하기

· 팬에 버터를 녹여 양파와 셀러리가 투명해지도록 볶다가 물기를 제거한 고구마를 넣어 볶아줍니다.

· 고구마가 절반쯤 익으면 뜨겁게 데운 채소 육수를 넣어 고구마가 완전히 익도록 삶아줍니다.

· 고구마가 물러지고 육수가 자작하게 졸아들면 불을 끄고 우유를 넣어 믹서기로 곱게 갈아줍니다.

· 생크림과 꿀을 넣어 섞어줍니다.

· 소금, 후추를 넣어 간을 맞춰줍니다.

플레이팅 하기

· 그릇에 데운 수프를 담고 크루통을 올려줍니다.

· 파르메산 치즈를 갈아 올린 후 다진 이탈리안 파슬리와 후추를 뿌려 냅니다.

TIP · 고구마에서 나오는 하얀 전분을 제거해주면 더욱 깔끔한 질감의 고구마 수프를 만들 수 있습니다.

· 고구마의 달기에 따라 꿀의 양을 조절해 넣어주세요.

Sweet Pumpkin Soup

단호박 수프

부드럽고 수분이 가득한 단호박은 수프를 만들기에는 최적의 재료가 아닐까 싶습니다.
단호박이 가진 깊은 단맛과 촉촉하고 부드러운 식감을 수프 가득 담아 내보세요.

재료

버터 20g

양파 25g

당근 50g

단호박 300g

채소 육수 200g

우유 100g

생크림 100g

소금

후추

크루통

사워크림 또는 플레인 요거트

이탈리안 파슬리

준비하기

· 단호박은 껍질과 씨를 제거하고 얇게 슬라이스해 준비합니다.

· 양파와 당근은 얇게 채를 썰어 준비합니다.

· 채소 육수는 뜨겁게 데워 준비합니다.

· 크루통(p140 참고)을 만들어 준비합니다.

조리하기

· 팬에 버터를 녹여 양파와 당근을 투명해지도록 볶다가 단호박을 넣어 볶아줍니다.

· 단호박이 절반쯤 익으면 뜨겁게 데운 채소 육수를 넣어 단호박이 완전히 익도록 삶아줍니다.

· 단호박이 물러지고 육수가 자작하게 졸아들면 불을 끄고 우유를 넣어 믹서기로 곱게 갈아줍니다.

· 생크림을 넣어 섞어줍니다.

· 소금, 후추를 넣어 간을 맞춰줍니다.

플레이팅 하기

· 그릇에 데운 수프를 담고 사워크림 혹은 플레인 요거트를 둘러준 후 크루통을 올려줍니다.

· 다진 이탈리안 파슬리와 후추를 뿌려 냅니다.

Tomato Soup

토마토 채소 수프

으슬으슬 컨디션이 좋지 않은 날이면 채소를 가득 넣어 토마토 채소 수프를 만들어 먹고는 합니다. 고기가 들어가지 않아 가벼우면서도 다양한 채소를 보다 편하게 먹을 수 있어요.

재료

감자 75g

당근 35g

양파 50g

셀러리 35g

마늘 1개

채소 육수 250g

홀 토마토 100g

양배추 50g

병아리 콩 15g

파르메산 치즈 15g

바질 잎 5장

소금

후추

파르메산 치즈

이탈리안 파슬리

준비하기

· 감자와 당근은 사방 1cm 크기의 큐브 모양으로 썰어 준비합니다. 손질한 감자는 차가운 물에 담가 전분을 제거합니다.

· 양파, 셀러리, 양배추는 1cm 크기로 잘라 준비하고 마늘은 곱게 다져 준비합니다.

· 채소 육수는 뜨겁게 데워 준비합니다.

· 홀 토마토는 큰 덩어리가 없도록 손으로 으깨어 준비합니다.

· 병아리 콩은 반나절 물에 불려두었다가 1% 소금을 넣은 물에 약 20분간 삶아 준비합니다.

· 바질 잎은 채 썰어 준비합니다.

조리하기

· 팬에 올리브 오일을 두르고 감자와 당근을 넣어 볶다가 마늘, 양파, 셀러리를 넣어 볶아줍니다.

· 채소가 절반쯤 익으면 데워둔 채소 육수를 부어 채소의 맛이 충분히 우러나도록 끓여줍니다.

· 채소가 완전히 익으면 홀 토마토, 양배추, 병아리 콩을 넣어 약 5분간 끓여줍니다.

· 파르메산 치즈를 넣어 녹여준 후 소금, 후추로 간을 합니다.

· 바질 잎을 넣어 섞어준 후 불에서 내립니다.

플레이팅 하기

· 그릇에 수프를 담고 파르메산 치즈를 뿌린 후 이탈리안 파슬리로 장식해 냅니다.

TIP | 병아리 콩은 콩 통조림 제품으로 대체해 사용 가능합니다.

Mushroom Soup

버섯 수프

버섯의 맛을 육수에 진하게 우려내어 우유와 크림을 넣어 부드럽게 만드는 버섯 수프에서는 버섯이 가진 독특한 향을 그대로 느낄 수 있습니다. 취향에 맞게 여러 가지 버섯을 사용해 만들어도 좋습니다. 마지막에 트러플 오일을 몇 방울 떨어뜨려 주면 먹는 내내 코끝까지 전해지는 진한 버섯의 향을 느낄 수 있습니다.

재료

버터 10g

마늘 1개

양파 25g

양송이버섯 150g

채소 육수 200g

우유 100g

생크림 100g

파르메산 치즈 20g

소금

후추

가니쉬용 양송이버섯 2개

크루통

파르메산 치즈

이탈리안 파슬리

트러플 오일

준비하기

· 마늘은 슬라이스해 썰고 양파는 채 썰어 준비합니다.

· 양송이버섯은 껍질을 벗겨 손질하고 슬라이스해 준비합니다.

· 채소 육수는 뜨겁게 데워 준비합니다.

· 크루통(p140 참고)을 만들어 준비합니다.

조리하기

· 팬에 버터를 녹여 마늘과 양파를 볶다가 양파가 투명해지면 양송이버섯을 넣어 볶아줍니다.

· 버섯의 수분이 날아가고 충분히 노릇하게 볶이면 뜨겁게 데워둔 채소 육수를 넣어 끓여줍니다.

· 육수에 버섯 향이 충분히 우러나고 국물이 자작해지면 불을 끄고 우유를 넣어 믹서기로 곱게 갈아줍니다.

· 생크림을 넣어 섞어주고 파르메산 치즈를 넣어 녹여준 후 소금, 후추로 간을 맞춰줍니다.

· 가니쉬용 버섯은 껍질을 손질하고 4등분으로 자릅니다.

· 올리브 오일을 두른 팬에 노릇하게 색이 나도록 볶은 후 소금, 후추로 간을 해줍니다.

플레이팅 하기

· 그릇에 데운 수프를 담고 가니쉬용 볶은 버섯과 마늘 크루통을 올립니다.

· 파르메산 치즈를 갈아 올리고 다진 이탈리안 파슬리를 뿌려줍니다.

· 트러플 오일을 몇 방울 떨어뜨려 준 후 마무리합니다.

Chick Pea Soup

병아리 콩 수프

고소한 밤 맛이 나는 병아리 콩을 듬뿍 갈아 넣고 감자로 질감을 잡아
준 수프예요.
감자와 병아리 콩의 부드럽고 고소한 맛이 서로 어우러져 맛있고 든든
하게 먹을 수 있는 건강한 수프랍니다.

재료

버터 15g
병아리 콩 110g
마늘 1개
양파 25g
감자 60g
채소 육수 200g
우유 100g
생크림 100g
파르메산 치즈 10g
소금
후추
크루통
파르메산 치즈
이탈리안 파슬리

준비하기

· 병아리 콩은 반나절 이상 물에 불려두었다가 1% 소금을 넣은 물에 약 20
  분간 삶아 준비합니다.
· 마늘은 다지고 양파와 감자는 채를 썰어 준비합니다. 손질한 감자는 물
  에 담가 전분을 제거해줍니다.
· 채소 육수는 뜨겁게 데워 준비합니다.
· 크루통(p140 참고)을 만들어 준비합니다.

조리하기

· 팬에 버터를 녹여 양파가 투명해지도록 볶다가 마늘을 넣어 볶습니다.
· 감자를 넣어 볶다가 감자가 절반쯤 익으면 삶아둔 병아리 콩을 넣어 볶
  아줍니다.
· 데워둔 채소 육수를 넣어 감자가 완전히 익도록 뭉근히 끓여줍니다.
· 감자가 익고 육수가 자작하게 졸아들면 불을 끄고 우유를 넣어 곱게 갈
  아줍니다.
· 생크림을 넣어 섞어주고 파르메산 치즈를 넣어 녹인 뒤 소금, 후추로 간
  을 해줍니다.

플레이팅 하기

· 그릇에 데운 수프를 담고 크루통을 올립니다.
· 파르메산 치즈를 갈아 올리고 다진 이탈리안 파슬리를 뿌려 마무리합
  니다.

Corn Soup

옥수수 수프

초당 옥수수가 나오는 계절에는 단맛이 감도는 옥수수 수프를 만들어
보세요.
찰옥수수를 사용한 담백한 맛의 옥수수 수프를 만들어도 좋아요.
옥수수의 종류에 따라 각기 다른 매력의 옥수수 수프를 맛볼 수 있을
거예요.

재료

버터 15g

양파 25g

감자 70g

삶은 옥수수 알맹이 200g

채소 육수 200g

우유 100g

생크림 100g

소금

후추

크루통

이탈리안 파슬리

준비하기

· 옥수수는 삶아 알맹이를 손질해 준비합니다.

· 양파와 감자는 채를 썰어 준비합니다. 손질한 감자는 물에 담가 전분을 제거해줍니다.

· 채소 육수는 뜨겁게 데워 준비합니다.

· 크루통(p140 참고)을 만들어 준비합니다.

조리하기

· 팬에 버터를 녹여 양파가 투명해지도록 볶다가 감자를 넣어 볶아줍니다.

· 감자가 절반쯤 익으면 옥수수를 넣어 볶아줍니다.

· 데워둔 채소 육수를 넣어 감자가 완전히 익도록 뭉근히 끓여줍니다.

· 감자가 익고 육수가 자작하게 졸아들면 불을 끄고 우유를 넣어 곱게 갈아줍니다.

· 체에 내려 옥수수의 껍질을 제거합니다.

· 생크림을 넣어 섞어주고 소금, 후추로 간을 해줍니다.

플레이팅 하기

· 그릇에 데운 수프를 담고 크루통을 올린 후 이탈리안 파슬리를 올려 장식합니다.

Gazpacho

가스파초

가스파초는 잘 익은 토마토에 마늘, 채소, 올리브 오일을 넣어 갈고 식초로 상큼한 맛을 내어 즐기는 스페인의 대표 요리입니다. 차가운 성질을 가진 채소를 갈아 시원하게 즐기기 때문에 수프 같기도 하고, 음료 같기도 한 메뉴입니다.

더위에 지친 여름엔 열기를 식혀주고 갈증과 허기를 달래주는 가스파초를 만들어 즐겨보세요.

재료

오이 150g

토마토 500g

빨간 파프리카 150g

마늘 1개

올리브 오일 30g

화이트 와인 비네거 20g

탄산수 50g

소금

후추

가니쉬용 방울토마토

이탈리안 파슬리 또는 고수

곁들임 빵

준비하기

· 오이는 껍질을 제거하고 씨를 수저로 파내어 손질합니다.

· 오이, 토마토, 파프리카는 깍둑 썰고 마늘은 다져 준비합니다.

조리하기

· 손질한 채소를 모두 볼에 담아 올리브 오일, 화이트 와인 비네거에 버무려 30분간 냉장고에 재워둡니다.

· 건더기가 없도록 믹서기로 곱게 갈아준 후 탄산수를 섞어줍니다.

· 소금, 후추를 넣어 간을 맞춰줍니다.

· 냉장고에 차갑게 보관해둡니다.

플레이팅 하기

· 가스파초를 그릇에 담습니다.

· 가니쉬용 방울토마토, 이탈리안 파슬리 또는 고수를 올려 장식합니다.

· 올리브 오일을 가볍게 두르고 빵을 함께 곁들여 냅니다.

Tomato Beef Stew

토마토 비프 스튜

고기와 채소를 가득 넣어 진하게 졸여 만드는 토마토 비프 스튜는 빵에 올려 먹어도, 밥과 함께 곁들여 먹어도 좋습니다. 고기와 채소, 어느 것 하나 빠지지 않고 고르게 들어가 든든한 한 끼 식사로도 부족함이 없지요. 사워크림을 곁들이면 보다 가볍고 산뜻한 맛으로 즐길 수 있답니다.

재료

소고기 양지 200g

양파 100g

당근 50g

감자 100g

파프리카 70g

셀러리 50g

마늘 2개

박력분 10g

닭 육수 500g

홀 토마토 150g

바질 잎 5장

파르메산 치즈 10g

소금

후추

사워크림 적당량

준비하기

· 소고기, 양파, 당근, 감자, 파프리카, 셀러리를 2cm 크기로 썰어 준비합니다.

· 마늘은 다져서 준비합니다.

· 닭 육수는 뜨겁게 데워 준비합니다.

· 홀 토마토는 큰 덩어리가 없도록 손으로 으깨어 준비합니다.

· 바질 잎은 채 썰어 준비합니다.

조리하기

· 뜨겁게 달군 팬에 오일을 두르고 고기를 넣어 색이 나도록 지지듯이 볶아줍니다.

· 고기가 익으면 채소를 넣어 충분히 볶아줍니다.

· 약불로 내려 박력분을 넣어 약 1분간 볶아줍니다.

· 데워둔 닭 육수를 넣어 약불에서 약 30분가량 채소의 맛이 충분히 우러나오도록 뭉근히 끓여줍니다.

· 으깬 홀 토마토, 채 썬 바질 잎을 넣어 10분간 끓여줍니다.

· 파르메산 치즈를 넣어 녹여준 후 소금, 후추로 간을 해 마무리합니다.

플레이팅 하기

· 스튜를 그릇에 담아낸 후 사워크림을 적당량 올려 냅니다.

Mussel cream Soup

홍합 크림 수프

홍합 크림 수프는 홍합을 가득 넣어 얼큰한 국물을 끓여 내는 것으로 홍합탕과 비슷하지만, 채소와 크림을 넣어 홍합탕보다 더욱 풍성하고 부드러운 맛을 가지고 있습니다.

홍합의 풍부한 맛과 크림의 부드러움으로 그대로 식사용 수프로 즐겨도 좋지만, 얼큰한 맛과 탱탱한 홍합 살은 와인과 꽤 잘 어울려 가벼운 와인 안주나 해장 수프로 즐겨도 훌륭하답니다.

재료

홍합 750g

이탈리안 파슬리 줄기 2대

마늘 2개

양파 50g

셀러리 30g

페페론치노 3개

화이트 와인 70g

우유 150g

생크림 150g

파르메산 치즈

이탈리안 파슬리

레몬

준비하기

· 홍합은 껍질에 붙은 이물질을 솔로 깨끗하게 닦아내고 수염처럼 붙어 있는 족사를 뜯어내 제거합니다.

· 이탈리안 파슬리 줄기는 잘게 썰고 마늘은 편으로 썰어 준비합니다.

· 양파와 셀러리는 굵게 다져 준비합니다.

조리하기

· 팬에 올리브 오일을 두르고 이탈리안 파슬리 줄기와 마늘을 넣어 향이 나도록 볶아줍니다.

· 양파와 셀러리를 넣어 볶아줍니다.

· 양파가 투명하게 익으면 페페론치노를 손으로 부숴 넣은 후 함께 볶아줍니다.

· 홍합을 넣어 볶아주고 팬에 열이 충분히 오르면 화이트 와인을 넣어 알코올을 증발시키며 홍합이 입을 벌리도록 가열합니다.

· 냄새를 맡아보아 알코올 향이 충분히 날아갔다고 판단되면 우유와 생크림을 넣어 가볍게 끓여줍니다.

플레이팅 하기

· 수프를 그릇에 담아낸 후 파르메산 치즈를 갈아 올립니다.

· 이탈리안 파슬리와 웨지 모양으로 자른 레몬을 곁들여 냅니다.

TIP | 홍합 살에 레몬즙을 뿌려 먹으면 홍합 특유의 냄새를 잡아주어 더욱 부드럽게 먹을 수 있습니다.

소스 & 파스타

Sauce & Pasta
4

요리에서 기본이 되는 대표적인 소스들을 소개합니다.

소스 그대로 빵을 곁들여 즐기느냐, 소스에 면을 넣어 즐기느냐에 따라
심플한 브런치가 될 수도 있고, 든든한 한 끼 식사가 될 수도 있습니다.

자주 해먹을 수 있는 요리나 매장에서 판매가 용이한 요리는 결국 심플한 조리법이 필수 요소입니다.
그러므로 대표가 되는 소스를 만들고 간단한 조리의 변화를 통해 다양한 맛을 표현할 수 있도록 했습니다.

Tomato

토마토

토마토는 요리에서 중요한 역할을 담당합니다.
특히 이탈리아 요리에서는 토마토를 빼고는 요리 이야기를 할 수 없을
정도로 토마토를 사용해서 만드는 요리가 많습니다.

이탈리아어로 토마토를 '황금빛 사과'라는 뜻의 '포모도로(Pomodoro)'
라고 부르는데, 이는 이탈리아에서 처음 생산된 토마토가 노란빛을 띠고
있었기 때문에 붙여진 이름이라고 합니다. 지금은 토마토를 통칭하는 뜻
으로 자리 잡게 되었지요.

토마토는 크게 케첩이나 통조림 등을 만들기 위한 '가공용 토마토'와 일
반적으로 섭취하기 위한 '생식용 토마토'로 나눌 수 있습니다.
품종이 다른 만큼 외형이나 맛, 풍미에서도 뚜렷한 차이가 납니다. 가공
용 토마토는 진한 붉은색으로 껍질이 두껍고 과육이 단단하며 씨와 즙
을 적게 가지고 있어 요리에 적합한 품종입니다.
이에 비해 생식용 토마토는 붉은 분홍색을 띠고 있습니다. 또 모양이 예
쁘고 껍질이 얇으며 완숙되면 과육이 부드러워지면서 즙이 많아지는 특
징을 가지고 있습니다. 때문에 조리하는 용도의 재료보다는 샐러드나
샌드위치에 그대로 올려 섭취하는 생식용의 용도로 더 적합합니다.

조리에서 사용하는 '홀 토마토'라고 부르는 것은 모두 가공용 토마토로
만든 통조림 토마토를 말하는 것입니다.

통조림 토마토는 가공용 토마토 중에서도 '플럼 토마토'라는 종류로 만
들어지는데 플럼 토마토의 '플럼(Plum)'은 '자두'라는 뜻으로 길쭉한
원통형의 서양자두처럼 생긴 외형 때문에 이러한 이름이 붙여졌다고 합
니다. 시중에서 판매되는 홀 토마토 통조림은 대부분 이 플럼 토마토로
만들어진 것입니다.
통조림 토마토는 토마토를 세척한 후 일일이 수작업으로 껍질을 벗겨
첨가물이나 보존제를 넣지 않고 통조림으로 만들어집니다.

우리나라에서 생산되고 있는 토마토는 모두 생식용 토마토로 조리에서
사용하는 '홀 토마토'라고 부르는 가공용 토마토와는 품종이 다릅니다.

Pasta

파스타

간이 잘된 파스타는 그 면만 먹어도 맛이 있습니다.

소금 간이 된 뜨거운 물에 가운데 심지가 살짝 남아 있는 상태가 되도록(Al dente, 알덴테) 파스타를 1차로 삶아냅니다. 그리고 소스에 버무려가며 가운데까지 완벽하게 익도록(Cottura, 코트라) 2차로 삶아내는 것이 파스타를 만드는 기본 과정입니다.

소금물에 삶아내는 1차 과정에서 파스타 면에 기본적인 소금간이 배어들게 되고 80% 익은 상태가 됩니다. 소스에 버무려 익혀내는 2차 과정에서 면은 100% 익게 되고 소스가 적절히 졸아들며 면에 들러붙어 맛이 배어든 상태가 됩니다.

파스타를 맛있게 삶기 위해서는 우선 100:10:1의 기본 법칙을 기억해야 합니다. 100은 물, 10은 파스타, 1은 소금의 양입니다. 이는 10의 파스타를 삶기 위해서는 1의 소금을 넣은 100의 물이 필요하다는 뜻입니다.

파스타는 면의 모양이 워낙 다양하기 때문에 파스타를 삶는 시간 또한 파스타 면의 종류에 따라 달라집니다. 사용하려는 파스타 면의 포장지를 살펴보면 Cottura(코트라) 또는 Al dente(알덴테)에 따라 면을 삶는 시간이 기재되어 있습니다.

Cottura는 총 요리시간을 나타내는 뜻으로 가운데 심지까지 모두 익는 상태의 시간을 표시합니다. Al dente는 '치아에 닿는'이란 뜻으로 가운데 심지가 익지 않고 씹히는 정도로 남아 있는 상태를 뜻합니다.

완벽히 삶긴 면에 소스를 끼얹어 먹을 것인지, 소스와 함께 가열해 면에 소스가 들러붙게 만들도록 조리할 것인지에 따라 Cottura 혹은 Al dente로 면을 삶아 준비할 수 있습니다.

재료

물 1000g
파스타 면 100g
소금 10g

준비하기

· 깊이가 있는 냄비에 물을 넣어 끓이다가 물이 끓어오르면 소금을 넣어 녹여줍니다.

조리하기

· 파스타 면을 넣고 조리하고자 하는 시간에 따라 타이머를 맞춰줍니다.
· 바닥이나 면끼리 들러붙지 않도록 저어준 후 시간에 맞춰 삶아줍니다.
· 삶은 파스타는 건져낸 후 곧바로 사용합니다.

보관하기

· 파스타를 미리 삶아두는 방법을 추천하지는 않습니다.
  다만, 매장에서 조리시간 단축을 위해 부득이하게 미리 삶아두어야 하는 경우라면 삶은 후 건져낸 면에 올리브 오일을 고르게 뿌려 면끼리 들러붙지 않도록 펼쳐 식힌 후 사용할 만큼씩 소분해 냉장 보관해두었다 사용합니다.

TIP │ 면을 삶아낸 면수는 파스타를 만들 때 소스에 수분이 부족할 경우 사용할 수 있도록 조리가 끝날 때까지 버리지 않고 보관해둡니다.

Tomato Sauce

토마토소스

토마토소스는 토마토를 주재료로 만든 붉은색의 소스로 파스타 요리의 기본이 되는 소스입니다. 아마 전 세계적으로 사랑받는 소스일 것입니다.
소개하는 토마토소스는 채소를 넣어 만드는 부담 없는 맛의 소스로 토마토의 풍부한 맛을 그대로 즐길 수 있습니다.

재료

양파 150g

마늘 2개

페페론치노 2개

월계수 잎 2장

홀 토마토 500g

닭 육수 100g

설탕 10g

소금

후추

바질 잎 5장

준비하기

· 양파와 마늘은 굵게 다져 준비합니다.

· 홀 토마토는 큰 덩어리가 없도록 손으로 으깨어 준비합니다.

· 닭 육수는 뜨겁게 데워 준비합니다.

· 바질 잎은 채 썰어 준비합니다.

조리하기

· 팬에 올리브 오일을 두르고 양파를 넣어 볶아줍니다.

· 양파가 투명하게 익으면 마늘과 손으로 잘게 부순 페페론치노를 넣어 볶아줍니다.

· 홀 토마토와 닭 육수, 월계수 잎을 넣고 끓여줍니다.

· 끓어오르면 약불로 내려 수분이 날아가고 걸쭉한 농도가 되도록 뭉근히 끓여줍니다.

· 설탕, 소금, 후추를 넣어 간을 하고 채 썬 바질 잎을 넣은 후 불에서 내립니다.

보관하기

· 사용하고 남은 토마토소스는 밀폐용기에 담아 냉장고에 보관하고 오래 두고 먹을 경우 밀폐용기에 담은 채로 냉동고에 보관합니다.

쉬림프 토마토소스

토마토소스 위에 구운 새우와 수란을 올려 빵을 함께 곁들이는 브런치용 메뉴입니다. 실제 브런치 매장에서는 이런 소스를 이용한 메뉴들을 쉽게 접할 수 있습니다. 맛있게 만든 토마토소스와 노릇하게 토스트한 빵만 준비해주세요. 브런치 매장에서 먹던 메뉴를 그대로 집에서 즐길 수 있습니다.

재료

토마토소스 적당량
수란 1개
새우 3마리
바질 잎
곁들임 빵

준비하기

· 토마토소스(p191 참고), 수란(p49 참고)을 만들어 준비합니다.
· 새우는 꼬리를 남기고 껍질을 벗겨낸 후 등을 갈라 내장을 손질합니다.

조리하기

· 버터를 녹인 팬에 새우를 앞뒤로 노릇하게 구워 소금, 후추로 간을 합니다.
· 토마토소스를 뜨겁게 데워 그릇에 담아줍니다.
· 구운 새우와 수란을 올려줍니다.

플레이팅 하기

· 바질 잎을 올려 장식합니다.
· 토스트한 빵을 함께 곁들여 냅니다.

토마토소스 파스타

토마토소스에 파스타를 버무려 만드는 식사용 메뉴입니다.
꼰낄리에 리가테 파스타 면은 소라 모양을 가지고 있어 소스가 파스타 속에 꽉꽉 채워져 소스의 맛을
보다 풍부하게 느낄 수 있습니다.

재료

파스타(꼰낄리에 리가테) 80g
토마토소스 200g
소금
후추
이탈리안 파슬리
파르메산 치즈

준비하기

· 토마토소스(p191 참고)를 만들어 준비합니다.

조리하기

· 파스타를 알덴테(Al dente) 시간까지 삶아줍니다.

> **TIP** 파스타는 데체코의 N. 50번 꼰낄리에 리가테 면을 사용했으며 알덴테
> 시간에 맞추어 11분을 삶았습니다.

· 팬에 토마토소스를 담아 데웁니다.
· 삶은 파스타를 넣어 파스타가 완전히 익도록 2~3분간 가열합니다.
· 파스타를 삶았던 면수를 넣어 농도를 조절합니다.
· 소금, 후추를 넣어 간을 맞춰줍니다.

플레이팅 하기

· 파스타를 접시에 담고 다진 이탈리안 파슬리를 뿌립니다.
· 파르메산 치즈를 갈아 올려 마무리합니다.

Meatball Tomato Sauce Gratin

미트볼 토마토소스 그라탕

채소를 볶아 넣어 맛을 낸 고기 반죽을 조그맣고 동그랗게 모양을 잡아 토마토소스와 함께 오븐에서 익혀내는 미트볼 그라탕입니다. 먹음직스럽게 익은 미트볼을 끝없이 늘어나는 치즈와 함께 소스에 찍어 먹고, 남은 소스는 빵 위에 올려 먹으면 좋습니다.

재료

미트볼 재료

양파 25g

셀러리 10g

당근 10g

마늘 1개

다진 소고기 150g

다진 돼지고기 150g

빵가루 10g

달걀 10g

소금 2g

후추

넛멕

토마토소스 100g

모차렐라 치즈 적당량

이탈리안 파슬리

파르메산 치즈

준비하기

미트볼 만들기

TIP | p130의 미니 햄버거 패티 만들기 과정과 동일합니다.

· 양파, 셀러리, 당근, 마늘을 잘게 다져서 준비합니다.
· 팬에 올리브 오일을 두르고 채소의 수분이 모두 날아가도록 볶아줍니다.
· 볶은 채소를 충분히 식힌 후 나머지 미트볼 재료와 섞어 끈끈한 찰기가 생기도록 치대듯이 버무려줍니다. 모양을 잡기 전 충분히 치대어 고기 사이에 공기가 빠지도록 해주어야 고기를 굽는 도중에 부서지지 않습니다.
· 동그랗게 굴려 모양을 잡아줍니다.
· 토마토소스(p191 참고)를 만들어 준비합니다.

조리하기

· 올리브 오일을 두른 팬에 미트볼을 굴려가며 노릇하게 색이 나도록 구워줍니다.
· 토마토소스를 오븐용 그릇에 담고 구운 미트볼을 올린 후 모차렐라 치즈를 뿌려줍니다.
· 180도로 예열한 오븐에 넣어 약 15분간 구워냅니다.

플레이팅 하기

· 다진 이탈리안 파슬리를 뿌리고 파르메산 치즈를 갈아 올립니다.
· 그릇째로 서빙합니다.

Ragù Sauce

라구 소스

라구 소스는 토마토를 베이스로 고기를 넣어 만드는 미트 소스의 일종으로 '할머니의 소스'라는 별칭으로도 불립니다. 아마 고기의 풍부한 맛을 토마토소스에 배어들도록 오랜 시간 끓여 만드는 조리법에서 나온 별칭이 아닐까 생각합니다. 고기의 맛을 끌어낼 시간이 필요하므로 많은 양을 한꺼번에 조리해 약한 불에서 오래도록 끓였을 때 더 맛이 좋습니다. 한 번에 많이 만들어 냉장고나 냉동고에 보관해두면 곳간에 곡식을 채워놓은 듯 마음이 든든해집니다.

재료

마늘 2개

양파 150g

셀러리 50g

당근 50g

간 소고기 250g

페페론치노 2개

월계수 2장

레드 와인 75g

닭 육수 100g

홀 토마토 500g

설탕 15g

바질 잎 5장

소금

후추

넛멕

준비하기

· 마늘, 양파, 셀러리, 당근은 굵게 다져 준비합니다.

· 간 소고기는 키친타월에 올려 핏기를 제거해줍니다.

· 홀 토마토는 큰 덩어리가 없도록 손으로 으깨어 준비합니다.

· 닭 육수는 뜨겁게 데워 준비합니다.

· 바질 잎은 채 썰어 준비합니다.

조리하기

· 팬에 올리브 오일을 두르고 양파, 셀러리, 당근을 넣고 볶아줍니다.

· 채소가 투명하게 익으면 마늘과 잘게 부순 페페론치노, 월계수를 넣어 볶아줍니다.

· 고기를 넣어 충분히 익도록 볶아준 후 레드 와인을 넣어 볶아줍니다.

· 레드 와인의 알코올을 충분히 증발시킨 후 닭 육수와 홀 토마토, 설탕을 넣고 끓여줍니다.

· 바닥에 눌러 붙지 않도록 잘 저어가며 국물이 자작하게 졸아들도록 끓여줍니다.

· 바질 잎을 넣고 소금, 후추, 넛멕을 갈아 넣어 간을 해줍니다.

보관하기

사용하고 남은 라구 소스는 밀폐용기에 담아 냉장고에 보관하고 오래 두고 먹을 경우 밀폐용기에 담은 채로 냉동고에 보관합니다.

Chakchouka Ragù

샥슈카 라구

샥슈카는 토마토소스에 채소나 소시지, 말린 고기 등을 넣어 만드는 아랍 국가의 전통 요리입니다. 달 걀을 넣고 익힌 그 모습이 마치 지옥에 빠진 달걀과 같다고 하여 '에그 인 헬'이라고도 불리고 있습니다. 저는 소시지 대신 고기가 듬뿍 들어간 라구 소스에 향신료를 첨가해 만든 그라탕으로 샥슈카를 재해석해보았습니다. 노릇하게 구운 치즈 위에 노른자를 올려 노른자가 가진 고소함이 그대로 표현될 수 있도록 하였습니다. 소스에서는 커리에서 느낄 법한 독특한 향을 느낄 수 있는데 그 맛이 무척 매력적이어서 바닥까지 싹싹 비우게 됩니다.

이 메뉴는 매장의 소스 메뉴 중 가장 많이 판매된 대표 메뉴이기도 합니다.

재료

라구 소스 200g
큐민파우더 2g
모차렐라 치즈
달걀 노른자 1개
후추
이탈리안 파슬리
곁들임 빵

준비하기

· 라구 소스(p203 참고)를 만들어 준비합니다.

조리하기

· 라구 소스에 큐민파우더를 넣어 섞어줍니다.

· 소스를 그라탕 용기에 담습니다.

· 모차렐라 치즈를 뿌립니다.

· 180도로 예열한 오븐에 넣어 약 10~15분간 치즈가 녹도록 익혀줍니다.

플레이팅 하기

· 노른자를 분리해 그릇의 가운데 올리고 후추를 가볍게 뿌려줍니다.

· 다진 이탈리안 파슬리를 뿌려준 후 노릇하게 토스트한 빵을 함께 곁들여 냅니다.

Ragù Sauce Pasta

라구 소스 파스타

삶은 파스타 면에 뜨겁게 데운 라구 소스를 듬뿍 올려보세요.
근사한 파스타가 뚝딱 완성됩니다.

재료

파스타(링귀니) 80g
라구 소스 200g
올리브 오일
바질 잎
파르메산 치즈

준비하기

· 라구 소스(p203 참고)를 만들어 준비합니다.

조리하기

· 파스타를 코트라(Cottura) 시간까지 삶아줍니다.

TIP | 파스타는 데체코의 N. 7번 링귀니 면을 사용했으며 코트라 시간에 맞
춰 12분을 삶아냈습니다.

플레이팅 하기

· 물에서 건진 파스타 면의 큰 물기를 제거한 후 그릇에 담아줍니다.
· 뜨겁게 데운 라구 소스를 면 위에 끼얹고 올리브 오일을 살짝 둘러줍니
다.
· 채 썬 바질 잎을 올리고 파르메산 치즈를 듬뿍 갈아 올려 마무리합니다.

Lasagna

라자냐

라자냐는 넓은 직사각형 모양의 라자냐 파스타 면을 알덴테(Al dente)로 삶아 면과 라구 소스, 베샤멜 소스를 층층이 쌓아 오븐에 익혀 만드는 그라탕 요리입니다. 미리 만들어 준비해두었다가 식사시간에 맞추어 오븐에 익혀내면 되는 요리이기 때문에 여러 가지의 요리를 내야 하는 파티나 모임에서는 라자냐 요리를 빠뜨리지 않고 메뉴에 넣고 있습니다. 큰 그릇을 꽉 채워 만든 라자냐를 조각으로 잘라 떠올리면 끝도 없이 늘어나는 치즈와 함께 환호가 터져 나옵니다. 층층이 속이 꽉 차 있어 여럿이 함께 나눠 먹어도 모두가 배불리 먹을 수 있어요.

재료

라자냐 면 3장
라구 소스 200g

베샤멜 소스
| 버터 35g
| 박력분 35g
| 우유 300g
| 소금
| 후추
| 넛멕

모차렐라 치즈 적당량
파르메산 치즈 적당량
이탈리안 파슬리
파르메산 치즈

준비하기

· 라구 소스(p203 참고)를 만들어 준비합니다.

조리하기

· 물을 끓여 1%의 소금을 녹인 후 라자냐 면을 넣어 4분간 삶아줍니다.

TIP | 파스타는 데체코의 N.1번 라자냐 면을 사용했습니다.

· 건져낸 라자냐 면을 물에 적신 티슈로 덮어 서로 들러붙거나 마르지 않
도록 합니다.
· 오븐용 그릇에 라구 소스를 얇게 깔아줍니다.
· 라자냐 면을 한 장 올린 후 라구 소스를 올려 덮어줍니다.
· 다시 라자냐 면을 올리고 라구 소스 덮어주기를 반복합니다.

베샤멜 소스 만들기
· 팬에 버터를 녹여 체에 내린 박력분을 넣고 약 1~2분간 볶아줍니다.

TIP | · 색이 나지 않도록 불을 조절하고 밀가루의 풋내가 날아가고 고소한
향이 날 때까지 볶아줍니다.
· 따뜻하게 데운 우유를 조금씩 나눠 넣으며 휘퍼로 저어 밀가루 반죽
을 멍울 없이 풀어줍니다.
· 한소끔 끓어오르도록 끓여준 후 소금, 후추, 넛멕을 넣어 간을 맞춥
니다.

TIP | · 베샤멜 소스는 식으면 덩어리지며 굳으니 따뜻할 때 바로 사용하는
것이 좋습니다.
· 미리 만들어둔 경우라면 완성된 소스의 표면에 버터를 두드리듯 발
라 밀착 랩핑해주는 것으로 소스가 마르는 것을 보완할 수 있습니다.
· 베샤멜 소스는 부드러운 크림 맛을 내는 동시에 요리의 수분이 증발
하는 것을 보완해줍니다.

· 라구 소스를 올린 윗면에 베샤멜 소스를 퍼 올려줍니다.
· 모차렐라 치즈를 고르게 올린 후 파르메산 치즈를 갈아 올려줍니다.
· 180도로 예열한 오븐에 넣어 치즈가 녹고 속이 뜨겁게 익도록 약 15분
간 구워냅니다.

플레이팅 하기

· 다진 이탈리안 파슬리를 뿌리고 파르메산 치즈를 갈아 올립니다.

· 오븐용 그릇째로 서빙합니다.

Canneloni

카넬로니

카넬로니는 이탈리아어로 '굵은 파이프'라는 뜻을 가지고 있는데 카넬로니를 만들 때 사용하는 카넬로니 면 역시 이름의 뜻과 같은 모양을 가지고 있습니다.

카넬로니는 긴 원통 모양의 파스타 면에 리코타 치즈와 채소 등으로 만든 속 재료를 채워 넣어 라구 소스와 베샤멜 소스 등을 올려 오븐에 구워내는 그라탕 요리입니다. 라자냐와 비슷한 면을 가지고 있는 듯하지만 치즈로 만든 속을 함께 맛볼 수 있다는 점에서 또 다른 매력을 가지고 있습니다. 카넬로니 면을 사용해도 좋고 라자냐 면을 응용해 만들어도 좋습니다. 저는 앞 페이지의 라자냐를 만들고 남은 면을 응용해 카넬로니를 만들 수 있도록 라자냐 면을 사용했습니다.

재료

라자냐 면 2장

속 재료

리코타 치즈 150g

시금치 80g

새우 70g

파르메산 치즈 10g

소금

후추

넛멕

라구 소스 100g

모차렐라 치즈 적당량

파르메산 치즈 적당량

이탈리안 파슬리

파르메산 치즈

준비하기

· 라구 소스(p203 참고), 리코타 치즈(p31 참고)를 만들어 준비합니다.
· 시금치는 질긴 줄기를 제거하고 소금을 넣은 물에 30초간 데친 후 차가운 물에 재빨리 헹구어냅니다. 물기를 제거한 후 잘게 썰어 준비합니다.
· 새우는 껍질과 내장을 손질하고 소금물에 1~2분간 삶아 물기를 제거합니다. 1cm 두께로 썰어 준비합니다.

조리하기

속 만들기

· 리코타 치즈, 시금치, 새우, 그레이터에 내린 파르메산 치즈를 한 볼에 담아 섞어줍니다.
· 소금, 후추, 넛멕으로 간을 맞추어준 후 짤주머니에 담아줍니다.
· 물을 끓여 1%의 소금을 녹인 후 라자냐 면을 넣어 4분간 삶아줍니다.

TIP | 파스타는 데체코의 N.1번 라자냐 면을 사용했습니다.

· 삶은 라자냐 면을 펼쳐 면의 끝부분에 속 재료를 넉넉히 짜올려줍니다.
· 원통 모양이 되도록 말아줍니다.
· 오븐용 그릇에 라구 소스를 얇게 깔아주고 속을 채운 라자냐를 올립니다.
· 라구 소스를 듬뿍 올려 덮어줍니다.
· 모차렐라 치즈를 고르게 올린 후 파르메산 치즈를 갈아 올려줍니다.
· 180도로 예열한 오븐에 넣어 치즈가 녹고 속이 뜨겁게 익도록 약 15분간 구워냅니다.

플레이팅 하기

· 다진 이탈리안 파슬리를 뿌리고 파르메산 치즈를 갈아 올립니다.
· 오븐용 그릇째로 서빙합니다.

Frittata

프리타타

프리타타는 달걀에 채소, 치즈 등을 넣어 만드는 이탈리아식 오믈렛으로 속을 이루는 속 재료는 어떤 것이라도 가능합니다. 가정에서 남은 재료들을 활용해 쉽게 만들어 먹는 소박한 요리로, 샐러드를 곁들여 가벼운 아침이나 브런치로 즐기기에 더할 나위 없이 좋은 요리입니다.

재료

윗지름(20.5cm)×아래지름(16cm)×
높이(4.4cm) 롯지팬 1개 분량

달걀물

달걀 200g

우유 100g

소금

후추

베이컨 20g

양파 50g

시금치 60g

감자 50g

옥수수 50g

드라이 토마토 30g

볼 모차렐라 치즈 6개

파르메산 치즈 적당량

이탈리안 파슬리

파르메산 치즈

준비하기

· 달걀을 풀어 우유를 넣어 섞은 후 소금, 후추로 간을 해 달걀물을 준비합니다.

· 베이컨은 1cm 폭으로 자릅니다.

· 양파는 채 썰어 준비합니다.

· 시금치는 질긴 줄기를 제거하고 소금을 넣은 물에 30초간 데친 후 차가운 물에 재빨리 헹구어냅니다. 물기를 제거한 후 잘게 썰어 준비합니다.

· 감자는 0.2cm 두께로 얇게 슬라이스한 후 차가운 물에 담가 전분을 제거해 준비합니다.

조리하기

· 팬에 올리브 오일을 둘러 베이컨을 볶다가 베이컨이 노릇하게 익기 시작하고 기름이 충분히 나오면 양파를 넣고 볶아줍니다.

· 양파가 투명하게 익으면 시금치를 넣고 볶아줍니다.

· 감자와 옥수수, 드라이 토마토를 팬에 담고 달걀물을 부어줍니다.

· 볼 모차렐라 치즈를 넣고 파르메산 치즈를 갈아 올립니다.

· 180도로 예열한 오븐에 넣어 약 15분간 윗면이 노릇해지고 속이 익을 때까지 구워냅니다.

플레이팅 하기

· 조각내어 그릇에 담습니다.

· 다진 이탈리안 파슬리를 뿌리고 파르메산 치즈를 갈아 올려 마무리합니다.

Basil Pasta

바질 파스타

삶은 파스타를 바질 페스토로 버무려 만드는 파스타입니다. 바질의
진하고 풍부한 향이 파스타 가득 스며들어 있습니다.

재료

마늘 1개

양파 25g

드라이 토마토 30g

파스타(스파게티니) 80g

바질 페스토 30g

소금

후추

바질 잎

파르메산 치즈

준비하기

· 드라이 토마토(p41 참고), 바질 페스토(p37 참고)를 만들어 준비합니다.

· 마늘과 양파는 굵게 다져 준비합니다.

조리하기

· 파스타를 코트라(Cottura) 시간까지 삶아줍니다.

TIP | 파스타는 데체코의 N. 11번 스파게티니 면을 사용했으며 코트라 시간
에 맞추어 9분을 삶아냈습니다.

· 팬에 올리브 오일을 두르고 양파와 마늘을 볶아줍니다.

· 양파가 투명하게 익으면 드라이 토마토를 넣고 볶아줍니다.

· 삶은 파스타와 바질 페스토를 넣어 버무려줍니다.

· 파스타를 삶았던 면수를 넣어 농도를 조절합니다.

TIP | 바질 페스토를 뜨거운 열에 가열할 경우 갈변 현상이 생길 수 있으니 재
빠르게 버무려 마무리하는 것이 좋습니다.

· 소금, 후추로 간을 맞춰줍니다.

플레이팅 하기

· 완성한 파스타를 접시에 담아낸 후 바질 잎을 올려 장식합니다.

· 파르메산 치즈를 갈아 올려 마무리합니다.

Alfredo Sauce Pasta

알프레도 소스 파스타

알프레도 소스는 버터, 생크림, 파르메산 치즈로 맛을 내는 진한 크림 소스로 우리에겐 카르보나라 소스로도 익숙한 맛입니다. 이 소스를 카르보나라 라고 판매하는 제품이 많이 생기며 이런 오해를 불러 일으켰지만 카르보나라는 베이컨과 달걀을 넣어 맛을 낸 소스로 사실 알프레도 소스와는 전혀 다른 소스랍니다. 알프레도 소스는 파르메산 치즈가 듬뿍 들어가 특유의 짭조름한 감칠맛과 진한 농도가 만들어집니다. 먹기 직전 통후추를 굵게 뿌려주면 크림의 느끼함을 잡아줘 좀 더 깔끔하게 먹을 수 있습니다.

재료

버터 30g

마늘 2개

양파 30g

시금치 50g

생크림 200g

파르메산 치즈 40g

파스타(페투칠레) 80g

소금

굵게 갈은 통후추

파르메산 치즈

준비하기

· 마늘과 양파는 굵게 다져줍니다.

· 시금치는 두꺼운 줄기를 손질해 먹기 좋게 잘라 준비합니다.

조리하기

· 파스타를 알덴테(Al dente) 시간까지 삶아줍니다.

TIP | 파스타는 데체코의 N. 6번 페투칠레 면을 사용했으며 알덴테 시간에 맞추어 10분간 삶아냈습니다.

· 팬에 버터를 녹여 마늘과 양파를 볶아줍니다.

· 양파가 투명하게 익으면 시금치를 넣어 숨이 죽도록 볶아줍니다.

· 생크림을 넣어 약불에서 끓이다가 파르메산 치즈를 넣어 녹여줍니다.

· 알덴테로 삶은 파스타를 넣어 파스타 면이 완전히 익도록 2~3분간 가열해줍니다.

· 파스타를 삶았던 면수를 조금씩 넣어 농도를 조절합니다.

· 소금으로 간을 하고 파스타가 익었는지 확인한 후 불에서 내립니다.

플레이팅 하기

· 파스타를 그릇에 담아냅니다.

· 굵게 갈은 통후추를 뿌린 후 파르메산 치즈를 갈아 올려 마무리합니다.

Salmon Steak with Alfredo Sauce

알프레도 소스의 연어 스테이크

저는 갑작스럽게 초대한 손님에게 근사한 요리를 내고자 할 때에는 늘
이 요리를 만들고는 합니다. 노릇하게 구운 연어 스테이크에 빠르게
만들어낼 수 있는 진한 알프레도 소스를 곁들인 이 요리를 누구도 쉽
게 만들 수 있는 요리라고는 생각하지 못하죠.

재료

연어 2조각
소금
후추
버터 적당량

알프레도 소스

　버터 30g
　마늘 2개
　양파 30g
　시금치 50g
　생크림 200g
　파르메산 치즈 40g
　소금

준비하기

· 2.5cm 두께로 토막낸 연어를 준비합니다.

· 연어의 앞뒤로 소금, 후추를 뿌려 30분간 재워두었다가

· 표면에 생긴 물기를 닦아냅니다.

· 마늘과 양파는 굵게 다져 놓습니다.

· 시금치는 두꺼운 줄기를 손질해 먹기 좋게 잘라 준비합니다.

조리하기

· 팬에 올리브 오일을 두르고 연어를 앞뒤로 노릇하게 구워줍니다.

TIP ┃ • 연어 살이 부스러질 수 있으니 자주 뒤집지 않습니다.

　　　• 껍질이 넓게 붙은 연어를 사용할 때에는 껍질 쪽부터 구워줍니다.

　　　• 연어가 거의 익었을 때쯤 버터를 넉넉히 넣어 연어에 버터를 끼얹어
　　　　가며 버터 향을 입혀줍니다.

TIP ┃ 버터가 타지 않도록 중불에서 조리하는 것이 좋습니다.

알프레도 소스 만들기

TIP ┃ 알프레도 소스 파스타(p229 참고)의 소스 과정과 동일합니다.

· 팬에 버터를 녹여 마늘과 양파를 볶아줍니다.

· 양파가 투명하게 익으면 시금치를 넣어 숨이 죽도록 볶아줍니다.

· 생크림을 넣고 약불에서 끓이다가 파르메산 치즈를 넣어 녹여줍니다.

· 농도가 생기도록 졸여줍니다.

· 소금, 후추를 넣어 간을 맞춰줍니다.

플레이팅 하기

· 소스를 그릇에 옮겨 담고 구운 연어를 올려냅니다.

Salmon Steak with Alfredo Sauce

235

Gnocchi with Gorgonzola Sauce

고르곤졸라 소스의 뇨키

감자로 만든 요리 중 뇨키보다 더 완벽한 요리가 있을까요!
감자의 부드러움을 그대로 가지고 있는 뇨키를 다시 한번 버터에 구워
내 버터의 고소한 풍미와 씹히는 식감을 동시에 느낄 수 있도록 했습
니다. 뇨키에 곁들인 고르곤졸라 치즈로 만든 진한 풍미의 소스는 요
리를 먹는 내내 입안에 즐거움을 선사합니다.

재료

뇨키 반죽

감자 200g

강력분 100g

달걀 15g

파르메산 치즈 20g

소금

후추

넛맥

뇨키를 구울 버터 적당량

고르곤졸라 치즈 소스

마늘 1개

양파 25g

페페론치노 1개

생크림 200g

고르곤졸라 치즈 20g

소금

후추

이탈리안 파슬리

파르메산 치즈

뇨키 반죽 만들기

준비하기

· 감자는 껍질을 벗겨 찜기에 찐 후 뜨거울 때 체에 내려 준비합니다.

TIP │ 감자가 식으면 전분 조직이 다시 단단해져 체에 내리기 힘들 뿐만 아니라 조직이 상하게 되어 식감이 끈적해집니다.

· 체에 내린 감자를 펼쳐 수증기를 날리며 식혀줍니다.

조리하기

· 식힌 감자에 체친 강력분, 달걀, 그레이터에 내린 파르메산 치즈를 섞어줍니다.

· 소금, 후추, 넛맥을 넣어 간을 합니다.

· 재료들이 고르게 섞이도록 가볍게 치대줍니다.

TIP │ 오래 치댈 경우 강력분에 포함된 글루텐에 의해 식감이 질겨질 수 있으니 최대한 가볍게 섞어 반죽을 완성합니다.

· 반죽을 길고 둥글게 밀어 비슷한 크기가 되도록 썰어준 후 1cm 두께의 타원형으로 모양을 잡아줍니다. 덧가루가 필요한 경우에는 감자전분을 필요한 만큼만 사용합니다.

· 1%의 소금을 녹인 물을 끓여 감자 뇨키를 삶은 후 체에 밭쳐 물기를 제거해줍니다.

TIP │ 뇨키가 익으면 물에 동동 떠오르니 떠오른 뇨키를 건져내면 됩니다.

· 팬에 버터를 녹여 삶은 뇨키를 앞뒤로 노릇하게 구워냅니다. 이때 버터가 타지 않도록 중불로 조리하는 것이 좋습니다.

고르곤졸라 소스 만들기

준비하기

· 마늘과 양파는 굵게 다져 준비합니다.
· 고르곤졸라 치즈는 작은 크기로 잘라 준비합니다.

조리하기

· 팬에 올리브 오일을 두르고 굵게 다진 마늘과 양파를 볶아줍니다.
· 양파가 투명하게 익으면 페페론치노를 부숴 넣어 함께 볶아줍니다.
· 생크림을 넣어 약불에서 농도가 생기도록 끓여줍니다.
· 고르곤졸라 치즈를 넣어 녹여줍니다.
· 소금, 후추를 넣어 간을 합니다.

플레이팅 하기

· 고르곤졸라 소스를 그릇에 옮겨 담습니다.
· 구운 뇨키를 쌓아 올려줍니다.
· 다진 이탈리안 파슬리와 파르메산 치즈를 갈아 올려 마무리합니다.

Gnocchi with Gorgonzola Sauce

Gnocchi with Gorgonzola Sauce

Mushroom Barley Risotto

버섯 보리 리소토

리소토는 쌀을 기름에 살짝 볶은 후 육수를 넣어 익혀낸 부드러운 식감의 이탈리아식 쌀 요리로, 부재료를 어떠한 것을 올리느냐에 따라 다양한 맛의 리소토를 만들 수 있습니다. 쌀 대신 보리를 사용하면 보리의 톡톡 터지는 재미있는 식감을 느낄 수 있습니다.

재료

마늘 1개

양파 25g

보리 75g

화이트 와인 20g

채소 육수 350g

생크림 30g

파르메산 치즈 10g

소금

후추

가니쉬용 버섯볶음

버섯 150g

소금

후추

트러플 오일

이탈리안 파슬리

파르메산 치즈

준비하기

· 마늘과 양파는 굵게 다져 준비합니다.

· 보리는 체에 밭쳐 흐르는 물에 재빠르게 씻은 후 물기를 제거해 준비합니다.

· 육수는 뜨겁게 데워 준비합니다.

조리하기

· 팬에 올리브 오일을 두르고 마늘과 양파를 볶아줍니다.

· 양파가 투명하게 익으면 보리를 넣고 함께 볶아줍니다.

· 화이트 와인을 넣어 알코올이 증발하도록 가열합니다.

· 뜨겁게 데운 육수를 한 국자씩 넣어가며 약 18~20분간 보리를 익혀줍니다.

TIP
· 화이트 와인은 단맛이 없는 종류의 것을 사용하도록 합니다.

· 보리나 쌀의 크기에 따라 익히는 시간이나 사용되는 육수의 양은 달라질 수 있습니다.

· 완성된 리소토는 국물이 질펀하게 남아 있지 않아야 합니다. 쌀이 거의 익어갈수록 육수를 조금씩 넣어가며 국물의 양을 조절해주는 것이 좋습니다.

· 먹어보았을 때 보리가 거의 익었다고 판단되면 생크림을 넣고 끓여줍니다.

· 파르메산 치즈를 녹여줍니다.

· 소금, 후추를 넣어 간을 맞춰줍니다.

가니쉬용 버섯볶음 만들기

· 버섯을 손질해 먹기 좋은 크기로 잘라 준비합니다.

· 팬에 올리브 오일을 두르고 버섯을 노릇하게 볶아준 후 소금과 후추로 간을 합니다.

플레이팅 하기

· 그릇에 완성된 리소토를 담아내고 가니쉬용 버섯볶음을 올려줍니다.

· 트러플 오일을 가볍게 뿌려줍니다.

· 다진 이탈리안 파슬리를 뿌린 후 파르메산 치즈를 갈아 올려 마무리합니다.

Gambas al ajillo

감바스 알 아히요

감바스 알 아히요(Gambas al ajillo)는 올리브 오일에 새우, 마늘, 페페론치노 등을 넣고 끓인 스페인의 대표 요리로 감바스(Gambas)는 새우를, 아히요(Ajillo)는 마늘 소스를 뜻합니다. 올리브 오일 가득 마늘 향을 내어주고 안초비로 짭조름하게 간을 잡아주었습니다.

먹는 동안 올리브 오일이 식지 않도록 주물 팬같이 보온이 가능한 팬을 사용하면 느끼함 없이 끝까지 맛있게 즐길 수 있습니다. 남은 오일에는 파스타 면을 넣어 볶아 먹어도 좋습니다.

재료

올리브 오일 150g

마늘 5개

페페론치노 3개

안초비 3마리

새우 10마리

드라이 토마토 10개

이탈리안 파슬리

곁들임 빵

준비하기

· 마늘은 슬라이스하고 안초비는 다져서 준비합니다.
· 새우는 꼬리를 남기고 머리, 등껍질, 내장을 손질한 후 물기를 제거해 준비합니다.

조리하기

· 보온이 유지되는 두꺼운 팬에 올리브 오일, 마늘, 페페론치노, 안초비를 담아 향이 우러나도록 약 5분간 약불에서 뭉근히 가열합니다.

TIP │ 마늘은 쉽게 탈 수 있으니 오일이 바글바글 끓어오르지 않도록 불을 최대한 약하게 합니다.

· 새우를 넣어 익혀줍니다.
· 드라이 토마토를 넣고 한소끔 끓여줍니다.

플레이팅 하기

· 이탈리안 파슬리를 올려줍니다.
· 달궈진 그릇 그대로 빵을 함께 곁들여 냅니다.

TIP │ 안초비(Anchovy)는 지중해나 유럽 근해에서 잡히는 멸치과의 작은 바닷물고기로 이것을 절여서 발효시킨 젓갈을 말합니다.

Cauliflower Puree with Roasting Mushroom

볶은 버섯을 곁들인 콜리플라워 퓌레

크림과 함께 부드럽게 익혀낸 콜리플라워 퓌레에 발사믹으로 강하게
맛을 낸 볶은 버섯을 곁들였습니다. 크리미하고 부드러운 퓌레와 꼬
들하게 씹히는 버섯의 맛과 식감이 꽤 대조적입니다. 너무나도 다른
맛의 두 재료들이 어떻게 어우러지는지 느껴보세요.

재료

콜리플라워 퓌레

양파 30g

마늘 1개

콜리플라워 200g

우유 75g

생크림 50g

소금, 후추

넛멕

바질 잎 5장

파르메산 치즈 10g

볶은 버섯

양송이버섯 혹은 표고버섯 150g

발사믹 글레이즈 10g

소금

후추

로즈마리 0.5g

이탈리안 파슬리

파르메산 치즈

곁들임 빵

콜리플라워 퓌레 만들기

준비하기

· 양파와 마늘은 잘게 다져 준비합니다.

· 콜리플라워는 봉우리 부분을 떼 내어 작은 크기로 잘라 준비합니다.

조리하기

· 팬에 올리브 오일을 둘러 양파를 볶아줍니다.

· 양파가 투명하게 익으면 마늘을 넣고 볶아줍니다.

· 콜리플라워를 넣고 볶아줍니다. 이때 구움 색이 지나치게 나지 않도록 주의해주세요.

· 우유와 생크림을 넣어 수분이 거의 날아가고 콜리플라워가 충분히 익도록 약한 불에서 뭉근하게 익혀줍니다.

· 볼에 옮겨 매셔로 으깨어줍니다.

· 채 썬 바질 잎과 그레이터에 내린 파르메산 치즈를 넣어 섞어줍니다.

· 소금, 후추, 넛멕을 갈아 넣어 간을 맞춘 후 마무리합니다.

볶은 버섯 만들기

준비하기

· 버섯을 손질해 4등분으로 잘라 준비합니다.
· 로즈마리는 다져둡니다.

조리하기

· 팬에 올리브 오일을 두르고 버섯의 수분이 날아가고 노릇한 색이 나도록
  볶아줍니다.
· 발사믹 글레이즈를 넣어 버무리듯 빠르게 볶아냅니다.
· 소금, 후추로 간을 합니다.
· 다진 로즈마리를 넣어 향을 낸 뒤 마무리합니다.

플레이팅 하기

· 그릇에 콜리플라워 퓌레와 볶은 버섯을 담습니다.
· 이탈리안 파슬리와 파르메산 치즈를 갈아 올려줍니다.
· 노릇하게 토스트한 빵을 곁들여 냅니다.

Cauliflower Puree with Roasting Mushroom

디저트

Dessert

5

훌륭한 식사의 완성은 언제나 디저트가 아닐까요.
화려한 스킬 없이도 누구나 만들 수 있는 달콤한 디저트들을 소개합니다.
식사의 마지막을 달콤한 디저트와 함께 마무리해보세요.

French Toast

프렌치토스트

폭신한 식빵을 달콤한 달걀물에 적셔 촉촉하게 구워내는 프렌치토스트야말로 브런치의 꽃이 아닐까요. 고소한 버터를 팬에 녹여 구워내는 팬 프렌치토스트와 오븐에서 바삭하게 구워내 그릇째 서빙하는 캐서롤 프렌치토스트를 준비했어요. 같은 재료를 사용하지만 어떻게 조리하느냐에 따라 식감이 완전히 달라집니다. 좋아하는 식감의 프렌치토스트를 만들어 즐겨보세요.

팬 프렌치토스트

재료

달걀물

달걀 2개
우유 200g
생크림 200g
설탕 200g
소금 1꼬집

버터
식빵 또는 캉파뉴
슈거파우더
아이스크림
과일
그래놀라
메이플시럽

준비하기

· 볼에 달걀물 재료를 모두 담아 달걀이 매끈하게 풀어지고 설탕이 녹도록 섞어줍니다.

조리하기

· 3cm 두께로 자른 빵을 달걀물에 적셔줍니다.
· 버터를 녹인 팬에 앞뒤로 노릇하게 구워냅니다.

TIP 빵이 얇을 경우, 달걀물에 의해 쉽게 찢어지고 다소 눅눅한 식감으로 완성될 수 있으니 도톰하게 자른 빵으로 만들어주세요.

플레이팅 하기

· 구워낸 프렌치토스트를 그릇에 예쁘게 겹쳐 담습니다.
· 슈거파우더를 뿌려줍니다.
· 아이스크림을 올린 후 메이플시럽과 과일 등을 곁들여 냅니다.

캐서롤 프렌치토스트

재료

달걀물

| 달걀 2개
| 우유 200g
| 생크림 200g
| 설탕 200g
| 소금 1꼬집

버터
식빵 또는 캉파뉴
슈거파우더
아이스크림
과일
그래놀라
메이플시럽

준비하기

· 볼에 달걀물 재료를 모두 담아 달걀이 매끈하게 풀어지고 설탕이 녹도록
  섞어줍니다.

조리하기

· 오븐용 팬을 준비하고 팬의 안쪽에 버터를 얇게 발라줍니다.
· 빵을 사방 3cm 두께의 큐브 모양으로 잘라 달걀물을 고르게 입혀줍니다.
· 오븐용 팬에 빵을 채워 넣습니다.
· 180도로 예열한 오븐에서 약 15분간 노릇한 색이 나도록 구워줍니다.

TIP | 굽는 시간은 오븐의 사양에 따라 달라질 수 있으니 구워지는 색을 보아
        | 가며 시간을 조절합니다.

플레이팅 하기

· 구워낸 캐서롤 프렌치 토스트 위에 슈거파우더를 뿌려줍니다.
· 과일과 그래놀라(p265 참고)를 윗면 가득 올립니다.
· 메이플시럽을 곁들여 냅니다.

Granola

그래놀라

그래놀라는 오트밀과 견과류에 꿀이나 메이플시럽을 섞어 오븐에 익혀낸 것으로 우유나 요거트에 곁들여 시리얼처럼 먹을 수 있습니다. 구워낸 그래놀라에 건조과일이나 바삭한 현미 튀밥을 추가해 병에 담아두었다가 간단하게 식사를 해결하고자 할 때 꺼내 먹고는 합니다. 또 견과류의 씹는 식감과 달콤한 맛이 필요할 땐 어디에나 그래놀라를 올려 사용하고 있습니다. 고소하고 달콤한 맛으로 자꾸만 손이 가는 건강한 저장식입니다.

재료

오트밀 200g
견과류(슬라이스 아몬드, 피칸,
마카다미아, 호박씨 등) 300g
꿀 300g
소금 3g
건조과일(건포도, 크랜베리 등) 적당량

준비하기

· 오븐을 150도로 예열해 준비합니다.
· 오븐 팬에 유산지를 깔아 준비합니다.

조리하기

· 꿀을 뜨끈한 온도로 끓여줍니다.

TIP | 꿀을 데워주면 유연성이 생겨 다른 재료와 고르게 섞기 쉬워집니다.

· 볼에 오트밀과 견과류, 소금을 담은 후 데운 꿀을 넣어 고르게 섞어줍니다.
· 유산지를 깔아둔 오븐 팬에 꿀을 섞은 재료들을 담아 넓게 펼쳐줍니다.
· 예열한 오븐에 넣어 노릇한 색이 나도록 약 30분간 구워냅니다.

TIP | 굽는 중 10분마다 꺼내어 전체를 뒤집어 섞어주면 고르게 색을 낼 수
있습니다.

· 구워낸 그래놀라를 완전히 식힌 후 건조과일을 섞어줍니다.

TIP | 건조과일은 구우면 딱딱해지니 굽지 않습니다.

보관하기

· 밀폐용기에 담아 실온 보관합니다.

Vanilla Pound Cake

바닐라 파운드케이크

식감이 좋은 맛있는 파운드케이크를 만들기 위해서는 좋은 상태의 반죽을 완성하는 것이 무엇보다 중요합니다. 하지만 촉촉한 식감을 오래 유지할 수 있도록 만드는 것은 파운드의 마무리 단계에서 결정됩니다. 구워낸 케이크가 식기 전 케이크 전체에 시럽을 고르게 발라주는 것이 첫 번째 포인트입니다. 미지근하게 식은 케이크를 랩으로 감싸 잔열의 수증기를 다시 케이크 안에 머물도록 하는 것이 두 번째 포인트입니다. 이 포인트들을 기억하면서 맛있고 촉촉한 파운드를 완성해 보세요.

재료

가로(16cm)×세로(8cm)×높이
(6.5cm) 오란다팬 1개 분량

버터 100g

슈거파우더 100g

바닐라 빈 1/2개

달걀 83g

박력분 100g

베이킹파우더 5g

시럽

물 50g

설탕 40g

브랜디 10g

준비하기

· 오븐을 170도로 예열해 준비합니다.

· 틀에 버터를 얇게 발라 준비합니다.

· 버터는 실온의 상태로 준비해둡니다.

· 달걀은 흰자와 노른자를 매끈하게 풀어준 후 계량하고 찬기가 없는 실온
의 상태로 준비합니다.

· 바닐라 빈은 씨를 긁어 준비합니다.

· 박력분과 베이킹파우더를 함께 체에 내려 준비합니다.

· 따뜻한 물에 설탕을 녹여 브랜디를 섞은 시럽을 만들어 준비합니다.

조리하기

· 실온의 버터를 부드럽게 풀어 슈거파우더와 바닐라 빈을 넣어 섞은 후
휘핑해줍니다.

· 달걀을 조금씩 여러 번에 나누어 넣어가며 버터와 달걀이 유화될 수 있
도록 휘핑해줍니다.

· 달걀이 모두 매끈하게 섞이면 체에 내린 가루를 넣어 날가루가 없는 매
끈한 상태가 되도록 주걱으로 가볍게 섞어줍니다.

· 틀에 반죽을 모두 담은 후 틀의 긴 면을 따라 반죽의 가운데가 움푹 패도
록 쓸어 올려줍니다.

TIP │ 틀의 긴 방향을 따라 반죽의 양이 많아지도록 팬닝해주면 온도차에 의
해 반죽 표면에 길이 생기며 케이크가 더 예쁘게 부풀어 오르도록 도와
줍니다. 케이크를 굽는 중간에 칼집을 넣어주지 않아도 됩니다.

· 예열한 오븐에 넣어 약 30~35분간 구워줍니다.

· 구워낸 케이크는 곧바로 틀에서 분리해 시럽을 전체 면에 고르게 펴 발
라줍니다.

· 따뜻한 온기가 남아 있을 때 랩으로 감싸 식혀주면 촉촉한 식감을 오래
유지할 수 있습니다.

보관하기

· 먹고 남은 파운드는 공기가 들어가지 않도록 랩으로 감싸줍니다.

· 밀폐용기에 담아 실온에 보관해둡니다.

· 오래 두고 먹을 경우 밀폐용기에 담은 채로 냉동고에 보관합니다.

· 먹기 전 실온에 두어 충분히 해동한 후 먹습니다.

Scone

스콘

푸드 프로세서만 있으면 여러 가지 맛의 스콘을 빠르게 뚝딱 완성할 수 있습니다. 몇 가지 재료를 더해 양을 조절해주는 것만으로도 다양한 맛의 스콘을 만들어낼 수 있죠. 스콘을 만들 때 가장 주의해야 하는 것은 오븐에 들어가기 직전까지도 버터가 녹지 않은 차가운 상태를 유지해야 한다는 것입니다. 소개하는 스콘은 잼을 발라 즐기는 묵직한 맛의 스콘이 아닌 디저트로 즐기기 좋은 바삭하고 달콤한 맛의 스콘입니다. 우유가 듬뿍 들어가 촉촉한 식감을 가지고 있어 목 막힘 없이 며칠이고 촉촉한 상태 그대로 먹을 수 있습니다.

재 료

플레인 스콘

박력분 150g

베이킹파우더 7g

설탕 20g

소금 1g

차가운 버터 100g

차가운 우유 70g

레몬 스콘

박력분 150g

레몬 제스트 1개분

베이킹파우더 7g

설탕 20g

소금 1g

차가운 버터 100g

차가운 우유 70g

레몬 아이싱

슈거파우더 200g

레몬즙 35g

말차 스콘

박력분 140g

말차파우더 8g

베이킹파우더 7g

설탕 20g

소금 1g

차가운 버터 100g

차가운 우유 70g

초코 스콘

박력분 135g

카카오파우더 15g

베이킹파우더 7g

설탕 20g

소금 1g

차가운 버터 100g

차가운 우유 70g

준비하기

· 오븐을 180도로 예열해 준비합니다.

· 버터와 우유는 차가운 상태로 준비합니다.

조리하기

플레인 스콘

· 박력분, 베이킹파우더, 설탕, 소금, 차가운 버터를 푸드 프로세서에 담아 버터가 작은 알갱이 상태가 되도록 갈아줍니다.

〈레몬 스콘〉 위 과정에 레몬 제스트를 추가합니다.

〈말차 스콘〉 위 과정에 말차파우더를 추가합니다.

〈초코 스콘〉 위 과정에 카카오파우더를 추가합니다.

TIP | 스콘의 종류에 따라 재료의 차이가 있을 뿐 만드는 공정은 모두 동일합니다.

· 우유를 두 번에 나눠 넣어가며 보슬보슬한 상태가 되도록 갈아줍니다.

· 55g씩 떼 내어 한 덩어리로 가볍게 뭉쳐줍니다.

· 오븐 팬 위에 올려 노릇한 색이 나도록 약 20분간 구워냅니다.

TIP | 버터가 녹지 않도록 빠르게 작업하는 것이 중요합니다.

보관하기

· 남은 스콘은 밀폐용기에 담아 실온에 보관해둡니다.

· 오래 두고 먹을 경우 밀폐용기에 담은 채로 냉동고에 보관합니다.

· 먹기 전 실온에 두어 충분히 해동한 후 먹습니다.

레몬 스콘용 레몬 아이싱 만들기

· 슈거파우더에 레몬즙을 넣어 설탕 덩어리가 남지 않도록 섞어줍니다.

· 레몬 스콘 위에 뿌려준 후 굳혀줍니다.

Clafouti

클라푸티

클라푸티는 밀가루, 우유, 달걀로 만든 반죽을 체리와 함께 구워내는 프랑스식 디저트입니다. 달걀 반죽과 함께 체리가 익으며 달콤한 체리의 향이 달걀 반죽에 더해져 더욱 깊은 풍미를 내줍니다. 차갑게 먹어도, 따뜻하게 즐겨도 좋습니다.

재료

윗지름(20.5cm)×아랫지름(16cm)×
높이(4.4cm) 롯지팬 1개 분량

체리 300g

달걀 50g

노른자 20g

설탕 40g

박력분 30g

생크림 150g

키르슈 10g

슈거파우더 적당량

준비하기

· 오븐을 170도로 예열해 준비합니다.

· 오븐용 틀에 버터를 가볍게 발라 준비합니다.

· 체리는 꼭지를 제거하고 깨끗하게 씻은 후 물기를 닦아내어 준비합니다.

TIP 씨를 제거하지 않고 만드는 것이 기본 방법이지만 편하게 드시기를 원한다면 씨를 제거해 준비해두어도 좋습니다. 생체리를 구하기 힘든 계절이라면 냉동체리를 사용해도 무방합니다.

· 박력분은 체에 내려 준비합니다.

조리하기

· 볼에 달걀과 노른자를 담아 설탕을 넣어 섞어줍니다.

· 박력분을 넣어 날가루가 없도록 섞어줍니다.

· 생크림과 키르슈를 넣어 섞어줍니다.

TIP 재료를 섞는 과정에서 공기 포집이 지나치게 일어나지 않도록 적은 횟수로 가볍게 섞어 마무리하는 것이 좋습니다.

· 오븐용 팬에 손질한 체리를 담고 체리가 자작하게 잠기도록 달걀 반죽을 부어줍니다.

· 예열한 오븐에 넣어 약 30~35분간 구워줍니다.

· 윗면이 노릇하고 꼬치로 찔러보았을 때 반죽이 묻어나지 않도록 구워냅니다.

플레이팅 하기

· 틀 그대로 한 김 식힌 후 슈거파우더를 뿌려 냅니다.

Strawberry Crepe

딸기 크레페

크레페는 크레이프라고도 하며 밀가루 반죽을 종잇장처럼 얇게 부쳐 만드는 얇은 팬케이크를 뜻합니다. 채소나 햄, 치즈 등을 올려 식사용으로도 쓰이며 생크림이나 잼, 소스 등을 올려 디저트의 용도로도 쓰입니다. 레시피의 반죽 양에서 설탕의 양을 절반 이하로 줄여 만들면 단맛이 적어 식사용 크레페로 먹기에도 부담이 없습니다. 이 책에서는 부드러운 생크림, 소스, 과일을 곁들여 만드는 디저트용 크레페를 소개합니다.

재료

크레페 반죽

달걀 100g

우유 150g

설탕 15g

소금 0.5g

박력분 75g

버터 25g

딸기 크레페

생크림 100g

꿀 10g

딸기 적당량

크레페 반죽 만들기

준비하기

· 박력분은 체에 내려 준비합니다.

· 버터는 녹인 후 따뜻하게 보관합니다.

조리하기

· 달걀에 우유, 설탕, 소금을 섞은 달걀물을 준비합니다.

· 체에 내린 박력분을 볼에 담고 달걀물을 조금씩 넣어가며 뭉치는 가루가 없도록 섞어줍니다.

· 녹여둔 버터를 넣어 섞어줍니다.

TIP | 반죽을 섞는 모든 과정에서 공기가 지나치게 들어가지 않도록 주의해 주세요.

· 완성된 반죽을 냉장고에 넣어 1시간 정도 숙성합니다.

· 팬을 뜨겁게 달궈 오일을 티슈로 닦아내듯 가볍게 발라줍니다.

· 적당량의 반죽을 펼쳐 담아 앞뒤로 노릇하게 구워냅니다.

플레이팅 하기

딸기 크레페 만들기

· 차가운 생크림에 꿀을 넣어 부드럽게 뿔이 서도록 휘핑합니다.

· 식힌 크레페를 펼쳐 휘핑한 생크림을 평평하게 발라줍니다.

· 손질한 딸기를 올린 후 접어줍니다.

TIP | 보다 달콤한 맛을 원한다면 딸기잼(p325 참고)을 크레페에 얇게 바른 후 생크림을 올려주어도 좋습니다.

283

Caramel Crepe

캐러멜 크레페

달콤하고 쌈사름한 캐러멜 소스를 곁들이는 것만으로도 달콤한 디저
트용 크레페를 만들 수 있습니다. 생크림이나 바나나, 고소한 그래놀
라를 곁들이면 더욱 맛있게 먹을 수 있답니다.

재료

크레페 반죽

달걀 100g

우유 150g

설탕 15g

소금 0.5g

박력분 75g

버터 25g

캐러멜 소스

생크림 100g

소금 3g

설탕 100g

그래놀라 적당량

준비하기

· 크레페 반죽(p282 참고)을 만들어 준비합니다.

· 그래놀라(p265 참고)를 만들어 준비합니다.

조리하기

캐러멜 소스 만들기

· 생크림에 소금을 넣어 녹여주며 따뜻하게 데워줍니다.

· 다른 냄비에 설탕을 담아 갈색이 되도록 천천히 태워줍니다.

TIP | 녹은 설탕의 색이 진해질수록 불의 세기를 약불로 줄여 캐러멜화가 천
       | 천히 진행될 수 있도록 합니다.

· 설탕이 모두 녹아 진한 갈색을 띠며 밝은색의 거품이 생기기 시작하는 시점에 데워두었던 생크림을 조금씩 부어 섞어줍니다.

· 바닥에 들러붙은 크림이 없는지 확인하고 냄비째로 차가운 물에 올려 캐러멜화 진행이 멈추도록 온도를 떨어뜨려줍니다.

플레이팅 하기

캐러멜 크레페 만들기

· 크레페를 예쁘게 접어 겹쳐준 후 캐러멜 소스를 뿌립니다.

· 그래놀라를 곁들여 냅니다.

Creme Brulee

크렘 브륄레

크렘 브륄레는 우유나 크림에 달걀, 설탕, 향 재료 등을 섞어 만든 크림 반죽을 오븐에서 중탕으로 천천히 부드럽게 익혀 만드는 디저트입니다. 크렘 브륄레의 가장 큰 매력은 크림 위에 설탕을 태우듯 녹여 만든 유리처럼 얇고 파삭하게 깨어지는 캐러멜 토핑이 아닐까 합니다. 캐러멜 토핑을 수저로 톡 깨어 부드러운 크림과 함께 입안에 넣으면 파삭하게 부서지며 달콤하면서도 부드러운 쓴맛을 동시에 느낄 수 있습니다.

식사 후 둘러앉아 달콤하고 부드러운 크렘 브륄레를 즐겨보세요. 완벽한 식사의 마무리가 될 거예요.

재 료

지름(8cm)×높이(4cm) 오븐용 그릇
3개 분량
생크림 200g
바닐라 빈 1/2개
노른자 40g
설탕 30g
캐러멜 토핑용 설탕

준 비 하 기

· 오븐을 150도로 예열해 준비합니다.

조 리 하 기

· 바닐라 빈의 씨를 긁어 껍질과 함께 생크림에 넣어 따뜻하게 데워줍니다.
· 바닐라 빈의 향이 충분히 우러나오도록 뚜껑을 덮어 식혀줍니다.
· 노른자에 설탕을 넣어 섞은 후 식힌 생크림을 넣어 섞어줍니다.

TIP │ 섞는 과정에서 거품이 생기지 않도록 주의해주세요.

· 반죽을 체에 걸러 바닐라 빈의 섬유질과 달걀의 알끈을 제거해줍니다.
· 오븐용 그릇에 동량으로 나누어 담아줍니다.
· 반죽을 담은 그릇을 높이가 있는 오븐 팬에 옮겨 담습니다.
· 반죽의 절반 높이까지 오도록 뜨거운 물을 부어줍니다.
· 예열한 오븐에 넣어 약 30분간 구워냅니다.

TIP │ 꼬지로 반죽을 찔러보았을 때 묻어나지 않고 윗면을 눌러보았을 때 가
벼운 탄력이 느껴지는 상태여야 합니다.

플 레 이 팅 하 기

· 한 김 식힌 후 냉장고에 넣어 차갑게 보관합니다.
· 먹기 전 표면에 설탕을 얇게 뿌려 토치로 그을려줍니다. 이때 색이 너무
진하게 나지 않도록 주의해주세요.
· 위 과정을 2번 더 반복합니다.

TIP │ 캐러멜 토핑은 미리 만들어두기보다는 먹기 전에 만드는 것이 좋습니다.

Simple Tiramisu

심플 티라미수

커피 향이 풍부하게 배어든 촉촉한 시트에 부드러운 마스카포네 크림을 올려 만드는 티라미수는 이탈리아를 대표하는 디저트입니다. 시트를 구워내는 대신 핑거레이디 과자를 이용해 빠르고 간단하게 티라미수를 만들 수 있습니다. 끓이는 크림이 아닌 마스카포네를 휘핑해 만드는 풍부한 우유 맛을 가진 크림으로 티라미수를 재해석했습니다. 아무런 도구 없이, 간단한 공정만으로 누구나 티라미수를 만들 수 있어요.

재료(4인분)

핑거레이디 8개

커피시럽

뜨거운 물 100g

설탕 45g

커피파우더 10g

깔루아 10g

티라미수 크림

마스카포네 치즈 150g

생크림 100g

연유 30g

바닐라 빈 1/3개

카카오파우더 적당량

준비하기

· 뜨거운 물에 설탕과 커피파우더를 녹여준 후 깔루아를 섞어 커피시럽을
완성합니다.

· 마스카포네 치즈와 생크림은 냉장고에 넣어 차가운 온도가 되도록 보관
합니다.

조리하기

· 볼에 마스카포네 치즈, 생크림, 연유, 씨를 긁은 바닐라 빈을 모두 담습
니다.

· 단단하게 뿔이 서는 흘러내리지 않는 농도가 되도록 휘핑합니다.

· 휘핑한 크림을 깍지를 끼운 짤주머니에 담아줍니다.

TIP | 사진의 케이크에는 680번 브이 모양 깍지를 사용했습니다.

· 핑거레이디를 커피시럽에 충분히 적셔 그릇 위에 올립니다.

· 그 위에 크림을 듬뿍 짜 올려줍니다.

플레이팅 하기

· 카카오파우더를 체에 내려 윗면에 뿌려줍니다.

Popover

팝오버

팝오버는 속이 뻥 비어 구워지는 우리의 공갈빵과 같은 미국식 머핀입니다. 맛이 담백해 빵처럼 식사에 곁들이기 좋고, 비어 있는 속에 크림을 채워 넣어 케이크처럼 만들 수도 있습니다. 급하게 빵이 필요할 땐 팝오버를 만들어 식사와 함께 내어보세요. 얇은 빵 껍질을 가지고 있어 소스 등을 올려 즐기면 소스의 맛을 온전히 느낄 수 있을뿐더러 부담스럽지 않아 좋습니다.

재료

윗지름(7cm)×아랫지름(5.5cm)×
높이(4.5cm) 머핀틀 6개 분량

팝오버 반죽

| 달걀 65g
| 우유 115g
| 설탕 5g
| 소금 1g
| 박력분 65g
| 시나몬파우더 0.5g

준 비 하 기

· 팝오버 전용 틀이나 머핀 틀에 분량 외의 버터를 얇게 발라 준비합니다.

· 팝오버 틀을 올릴 오븐 팬을 오븐에 넣은 상태로 오븐을 210도로 예열해
  둡니다.

· 박력분과 시나몬파우더는 함께 체에 내려 준비합니다.

조 리 하 기

· 달걀에 우유, 설탕, 소금을 섞어 달걀물을 만들어줍니다.

· 체에 내린 가루에 달걀물을 조금씩 넣어 가볍게 섞어줍니다.

TIP | 덩어리가 조금 남아 있더라도 괜찮으니 많이 섞지 않도록 주의합니다.

· 버터를 발라둔 틀에 절반가량 채워지도록 반죽을 부어줍니다.

TIP | 반죽을 구우면 약 3배 정도의 크기로 부풀어 오르게 되므로 한 틀에 반
      죽을 너무 많이 담지 않는 것이 좋습니다.

· 예열한 오븐에 반죽을 담은 틀을 넣어 약 10분간 구운 후 190도로 온도
  를 내려 약 15분간 더 구워냅니다.

TIP | 반죽이 충분히 부풀어 오르고 진한 황금색으로 변하기 전까지는 오븐
      문을 열지 않는 것이 좋습니다.

· 구워낸 케이크는 그대로 충분히 식혀준 후 틀에서 분리하도록 합니다.

플 레 이 팅 하 기

· 완성된 팝오버와 함께 잼이나 버터를 곁들여 냅니다.

팝오버 케이크

속이 비어 있는 팝오버로 만드는 초 간단 심플 케이크입니다.
빵 속에 부드러운 생크림을 가득 채우고 달콤한 과일을 올려 장식하는 간단하지만 근사한 팝오버 케이크를 소개합니다.

재료

팝오버
생크림 100g
설탕 10g
과일 적당량

준비하기

팝오버(p297 참고)를 만들어 준비합니다.

조리하기

· 차가운 생크림에 설탕을 넣어 부드럽게 뿔이 서도록 휘핑합니다.
· 휘핑한 생크림을 짤주머니에 담습니다.
· 팝오버 안의 빈 공간을 채우듯 짜 넣어줍니다.

플레이팅 하기

· 과일을 올려 장식합니다.

Mini Brownie Cake

미니 브라우니 케이크

브라우니는 초콜릿과 버터를 녹여 만드는 묵직한 초코케이크입니다. 버터와 초콜릿을 녹인 볼에 준비한 재료를 순서대로 넣어 섞어주기만 하면 완성되는 초코케이크로 간단한 조리 과정이 특히 매력적이죠. 브라우니가 인기를 끌었던 이유도 아마 이 간단한 공정만으로도 너무 나 맛있는 꾸덕한 초코케이크가 완성되기 때문일 거예요.

재료

지름(8cm)×높이(4cm) 오븐용 그릇
4개 분량

다크 초콜릿 75g

버터 50g

달걀 75g

설탕 40g

소금 0.5g

박력분 25g

아몬드파우더 15g

구운 캐슈넛 15g

분량 외의 다크 초콜릿

준비하기

· 오븐을 160도로 예열해 준비합니다.

· 오븐용 그릇에 분량 외의 버터를 얇게 발라 준비합니다.

TIP │ 오븐용 그릇이 없다면 머핀 틀을 사용해도 괜찮습니다.

· 박력분과 아몬드파우더는 함께 체에 내려 준비합니다.

· 캐슈넛은 큼직하게 다져 준비합니다.

조리하기

· 볼에 다크 초콜릿과 버터를 담아 중탕물 위에 올려 완전히 녹여줍니다.

TIP │ 지나치게 뜨거운 온도에서 녹이지 않도록 주의해주세요. 초콜릿과 버
터가 모두 녹은 후의 온도는 따뜻한 정도여야 합니다.

· 노른자와 흰자를 완전히 풀어 계량한 달걀에 설탕, 소금을 섞어 녹여줍
니다.

· 초콜릿과 버터를 녹인 볼에 넣어 휘퍼기로 가볍게 섞어줍니다.

· 체에 내려둔 가루를 반죽에 넣어 섞어줍니다.

· 완성된 반죽을 짤주머니에 담아 준비한 오븐용 그릇에 동량으로 나누어
담아줍니다.

· 다진 캐슈넛을 반죽 윗면에 적당량 올려줍니다.

· 예열한 오븐에 넣어 약 10분간 구워냅니다.

TIP │ 반죽의 윗면은 손에 묻어나지 않을 정도로 익고 케이크의 가운데를 찔
러보았을 때 반죽이 살짝 묻어나는 상태면 완성입니다. 가운데까지 지
나치게 익히지 않도록 주의해주세요.

플레이팅 하기

· 분량 외의 초콜릿을 녹여 케이크 위에 예쁘게 뿌려준 후 굳힙니다.

Financier

피낭시에

피낭시에는 '금융의'라는 의미를 가진 작은 금괴 모양의 프랑스식 케이크예요.

달걀의 흰자, 밀가루, 아몬드파우더, 버터로 만들어지는 이 케이크는 겉은 쫀쫀하고 속은 부드러운 식감에 아몬드와 버터의 고소한 맛을 풍부하게 가지고 있습니다. 버터를 태우면 더 깊은 풍미를 느낄 수 있지만 버터를 태워 만드는 것이 부담스럽다면 녹인 버터를 사용해도 좋습니다.

재료

가로(8.3cm)×세로(4cm)×높이
(2cm) 피낭시에 틀 10개 분량

버터 100g

흰자 110g

슈거파우더 85g

물엿 10g

아몬드파우더 40g

박력분 40g

베이킹파우더 2g

준비하기

· 오븐을 170도로 예열해 준비합니다.
· 아몬드파우더, 박력분, 베이킹파우더를 체에 내려 준비합니다.

조리하기

· 버터를 냄비에 담아 갈색 빛이 나도록 약불에서 천천히 태워줍니다.

TIP │ 녹인 버터가 갈색 빛으로 변하고 향을 맡아보았을 때 헤이즐넛 향과 같
│ 은 고소한 향이 느껴진다면 완성입니다.

· 차가운 물에 담가 뜨거운 열기를 식혀 따뜻한 온도로 준비합니다.

TIP │ 버터가 냄비의 잔열로 계속 타들어가지 않도록 냄비를 차가운 물에 재
│ 빨리 담가 뜨거운 열기를 식혀주어야 합니다.

· 볼에 흰자를 담아 슈거파우더와 물엿을 넣고 중탕물 위에 올려 슈거파우
더가 녹도록 따뜻하게 데워줍니다. 설탕이 녹으면 중탕물 위에서 내려
주세요.

TIP │ 중탕물의 열기에 의해 흰자가 익지 않도록 휘퍼로 천천히 저으며 녹여
│ 주는 것이 좋습니다.

· 체에 내린 가루를 넣어 뭉친 부분이 없도록 섞어줍니다.
· 따뜻한 온도로 준비해둔 태운 버터를 두 번에 나누어 넣어 섞어줍니다.
· 반죽이 매끈하게 섞이면 1시간 정도 냉장고에서 휴지합니다.
· 휴지한 반죽을 잘 섞어 짤주머니에 담습니다.
· 팬의 70~80%가 담기도록 반죽을 팬닝합니다.
· 예열한 오븐에 넣어 약 15분간 구워냅니다.
· 구워낸 케이크는 틀에서 분리한 후 식힘 망에 올려 식혀줍니다.

보관하기

· 남은 피낭시에는 밀폐용기에 담아 실온에 보관해둡니다.
· 오래 두고 먹을 경우 밀폐용기에 담은 채로 냉동고에 보관하고, 먹기 전
실온에 두어 충분히 해동한 후 먹도록 합니다.

Strawberry Panna Cotta

딸기 판나코타

판나코타는 바닐라 향을 우려낸 크림에 설탕을 넣어 단맛을 더하고 젤라틴을 넣어 차갑게 굳혀서 먹는 이탈리아식 푸딩입니다. 곁들이거나 장식하는 재료에 따라 다양한 종류의 판나코타를 만들 수 있어요. 딸기시럽을 곁들여 딸기의 향을 가득 입힌 상큼한 딸기 판나코타를 소개합니다.

재료

판나코타

우유 250g
설탕 60g
바닐라 빈 1/2개
판 젤라틴 6g
생크림 200g

딸기시럽 적당량
딸기
산딸기
민트 잎

준비하기

· 판 젤라틴은 차가운 물에 20분간 불린 후 물기를 제거해 준비합니다.
· 딸기시럽(p317 참고)을 만들어 준비합니다.

조리하기

· 긁어낸 바닐라 빈의 씨와 껍질, 설탕을 우유에 넣어 따뜻하게 데워줍니다.
· 데운 우유에 불린 젤라틴을 넣어 녹여준 후 생크림을 넣어 섞어줍니다.
· 체에 걸러 컵에 담은 후 냉장고에 넣어 단단히 굳혀줍니다.

플레이팅 하기

· 굳힌 판나코타 위에 딸기시럽을 적당량 부어줍니다.
· 딸기, 산딸기, 민트 잎을 올려 장식합니다.

캐러멜 판나코타

캐러멜 팝콘을 가득 올리고 진한 캐러멜 소스를 곁들인 풍성하고 달콤한 캐러멜 판나코타입니다.

재료

판나코타

| 우유 250g
| 설탕 60g
| 바닐라 빈 1/2개
| 판 젤라틴 6g
| 생크림 200g

캐러멜 소스
캐러멜 팝콘

준비하기

· 컵에 담아 굳힌 판나코타(p311 참고)를 준비합니다.
· 캐러멜 소스(p286 참고)를 만들어 준비합니다.

플레이팅 하기

· 판나코타 위에 캐러멜 팝콘을 가득 올려줍니다.
· 캐러멜 소스를 뿌려 장식합니다.

음료

Drink

6

식사에 음료가 빠져선 안 되겠죠.
매장에서는 계절마다 만날 수 있는 제철과일을 사용해 계절에 맞는 음료를 선보이고는 합니다.
과일이 가진 당도나 산도에 따라 시럽을 만들기도 하고 청을 담그기도 해요.
실제 매장에서 계절마다 만들어 판매했던 음료들을 소개합니다.
에이드, 차, 요거트로 다양하게 응용해 만들어보세요.

Strawberry Syrup

딸기시럽

봄이면 늘 딸기 메뉴가 인기입니다. 케이크와 브런치, 음료에도 딸기가 아낌없이 담기죠. 진한 딸기 향의 딸기 우유와 딸기 에이드, 딸기 요거트는 늘 매장의 인기 메뉴입니다.
딸기의 즙을 진하게 빼내어 만든 딸기시럽만 있다면 이 모든 메뉴를 만들 수 있어요.

재료

딸기 300g
설탕 90g
레몬즙 15g

준비하기

· 딸기는 꼭지를 손질하고 손톱만 한 크기로 잘라 준비합니다.
· 손질한 딸기에 설탕을 섞어준 후 수분이 나오도록 1시간 정도 놓아둡니다.

조리하기

· 딸기에서 수분이 나오면 중불에 올려 거품을 걷어내며 끓여줍니다.
· 딸기가 익어 숨이 죽으면 레몬즙을 섞어 한소끔 끓여준 후 불에서 내립니다.

보관하기

· 소독한 병에 담아 냉장 보관합니다.

Ready for brunch

딸기 우유

재료

딸기시럽 80g
우유 200g
딸기

만들기

· 컵에 딸기시럽을 담고 차가운 우유를 부어줍니다.
· 먹기 좋게 자른 딸기 과육을 올려 마무리합니다.

딸기 에이드

재료

딸기시럽 100g
탄산수 200g
딸기

만들기

· 컵에 딸기시럽을 담고 얼음을 담아준 후 차가운 탄산수를 부어줍니다.

· 먹기 좋게 자른 딸기 과육을 올려 마무리합니다.

딸기 차

재료

딸기시럽 80g
뜨거운 물 200g
딸기

만들기

· 컵에 딸기시럽을 담고 뜨거운 물을 부어줍니다.
· 먹기 좋게 자른 딸기 과육을 올려 마무리합니다.

Strawberry Jam

딸기잼

딸기를 부드럽고 윤기 나도록 졸여 만든 딸기잼을 살짝 구운 빵이나 스콘에 곁들여 먹어보세요.

재료

딸기 300g
설탕 120g
설탕 30g
펙틴 5g
레몬즙 15g

준비하기

· 딸기는 꼭지를 손질하고 4등분으로 잘라 준비합니다.
· 손질한 딸기에 120g의 설탕을 섞어 수분이 나오도록 1시간 정도 놓아둡니다.
· 30g의 설탕에는 펙틴 5g을 섞어둡니다.

조리하기

· 딸기에서 수분이 빠져나오면 중불에 올려 거품을 걷어내며 끓여줍니다.
· 가볍게 윤기가 돌 때까지 약 10~15분간 졸여줍니다.
· 펙틴을 섞은 설탕을 넣어 재빠르게 섞어줍니다.
· 레몬즙을 섞어 한소끔 끓여준 후 불에서 내립니다.

보관하기

· 소독한 병에 담아 냉장 보관합니다.

Berry Syrup

베리시럽

체리가 나오는 계절에는 체리와 블루베리를 섞어 베리시럽을 만듭니다. 체리와 블루베리의 진한 과즙과 과육의 씹히는 맛을 동시에 느낄 수 있는 재미있는 음료를 만들 수 있어요.

재료

체리 150g
블루베리 150g
설탕 90g
레몬즙 15g

준비하기

· 체리는 씨를 제거하고 4등분으로 잘라 준비합니다.
· 냄비에 손질한 체리와 블루베리를 담고 설탕을 섞어준 후 수분이 나오도록 1시간 정도 놓아둡니다.

조리하기

· 과육에서 수분이 나오면 중불에 올려 거품을 걷어내며 끓여줍니다.
· 과일의 숨이 죽고 과즙이 충분히 빠져나오면 레몬즙을 섞어 다시 한소끔 끓인 후 불에서 내립니다.

보관하기

· 소독한 병에 담아 냉장 보관합니다.

베리 에이드

재료

베리시럽 100g
탄산수 200g
체리
블루베리

만들기

· 컵에 베리시럽을 담고 얼음을 담아준 후 차가운 탄산수를 부어줍니다.
· 체리와 블루베리 등의 과일을 올려 마무리합니다.

베리 요거트

재료

베리시럽 20g
무가당 요거트 100g
그래놀라
체리
블루베리

만들기

· 컵에 베리시럽을 담고 무가당 요거트를 담아줍니다.
· 그래놀라와 과일을 올려 장식합니다.

Kumquat Syrup

금귤 청

금귤은 한 계절 중에서도 잠시 나왔다 금방 사라지는데 이때를 놓치지 않고 금귤 청을 가득 담아야 합니다. 새콤한 맛을 가득 품고 있는 금귤은 과즙은 적고 향이 강한 것이 특징이어서 청으로 담았을 때 특히 잘 어울리는 과일입니다. 금귤 씨를 빼내는 게 무척 고단한 일이지만 숙성된 청을 맛볼 때면 고단함이 다 잊혀 내년엔 금귤 청을 더 많이 만들어야겠다는 생각을 하게 됩니다.

재료

금귤 500g
자일로스 흰 설탕 400g

준비하기

· 금귤은 0.5cm 두께로 슬라이스한 후 씨를 제거해 준비합니다.

조리하기

· 손질한 금귤에 자일로스 설탕을 섞은 후 설탕이 녹도록 실온에 반나절
  정도 놓아둡니다.

TIP │ 녹지 않은 설탕이 없도록 가끔 뒤적여 섞어주도록 합니다.

보관하기

· 설탕이 모두 녹으면 소독한 병에 옮겨 담아 냉장 보관합니다.

금귤 에이드

재 료

금귤 청 100g
탄산수 200g
금귤

만 들 기

· 컵에 금귤 청을 담고 얼음을 담아준 후 차가운 탄산수를 부어줍니다.
· 슬라이스한 금귤 과육을 올려 장식합니다.

금귤 라떼

재 료

금귤 청 80g
우유 100g
에스프레소 60g
휘핑한 생크림(생크림 50g, 설탕 5g)

만 들 기

· 컵에 금귤 청을 담고 얼음을 담아준 후 차가운 우유를 부어줍니다.
· 에스프레소를 조심스럽게 따라줍니다.
· 설탕을 넣어 휘핑한 생크림을 올려냅니다.

Citrus Syrup

시트러스 청

시트러스 청은 자몽의 떫은맛과 오렌지의 달콤함, 레몬의 새콤함을 모두 모아 만든 청입니다. 한 가지 과일만을 사용했을 때보다 더 다양하고 풍부한 맛을 가지고 있어요. 먹는 동안 통통한 자몽 과육을 느낄 수 있도록 자몽은 껍질을 손질해 과육만을 사용합니다. 오렌지와 레몬은 껍질이 가진 향이 청에 배어 들어가도록 슬라이스해 사용합니다.

재료

자몽 과육 225g

오렌지 225g

레몬 50g

자일로스 흰 설탕 400g

준비하기

· 자몽은 겉껍질을 칼로 도려내고 속껍질에서 과육을 분리해 준비합니다.

· 오렌지와 레몬은 0.5cm 두께로 슬라이스해 준비합니다.

조리하기

· 손질한 과일에 자일로스 설탕을 섞은 후 설탕이 녹도록 실온에 반나절 정도 놓아둡니다.

TIP │ 녹지 않은 설탕이 없도록 가끔 뒤적여 섞어주도록 합니다.

보관하기

· 설탕이 모두 녹으면 소독한 병에 옮겨 담아 냉장 보관합니다.

시트러스 에이드

재료

시트러스 청 100g
탄산수 200g

만들기

· 컵에 시트러스 청을 담습니다.
· 얼음을 담고 차가운 탄산수를 부어줍니다.

Apple Syrup

사과 청

반짝반짝한 햇사과가 나오는 계절이면 사과 청을 담급니다. 사과를 모두 썰어서 청을 담는 것보다 사과의 일부를 갈아서 청을 담그면 사과의 향이 더 깊게 배어든 청을 만들 수 있어요. 사과 청의 경우 황설탕을 사용하면 더 진하고 예쁜 색을 얻을 수 있습니다. 청이 숙성되어 맛이 들면 뜨거운 물을 부어 사과 향이 가득한 차를 마시고 동동 떠 있는 사과 조각을 아삭아삭 씹어 먹어보세요. 달콤한 사과 향에 기분이 좋아질 거예요.

재료

사과 500g
자일로스 황설탕 400g
시나몬파우더 4g

준비하기

· 자일로스 황설탕에 시나몬파우더를 섞어줍니다.
· 사과의 절반은 씨를 제거한 후 껍질 채 먹기 좋은 크기로 슬라이스해줍
  니다.
· 나머지 절반은 씨와 껍질을 제거한 후 과육을 곱게 갈아서 준비합니다.

조리하기

· 슬라이스한 사과와 사과 즙, 설탕을 섞어 설탕이 녹도록 실온에 반나절
  정도 놓아둡니다.

TIP │ 녹지 않은 설탕이 없도록 가끔 뒤적여 섞어주도록 합니다.

보관하기

· 설탕이 모두 녹으면 소독한 병에 옮겨 담아 냉장 보관합니다.

사과 차

재료

사과 청 100g
뜨거운 물 200g

만들기

· 컵에 사과 청을 담고 뜨거운 물을 부어냅니다.

사과 에이드

재료

사과청 100g

탄산수 200g

만들기

· 컵에 사과 청을 담습니다.

· 얼음을 넣고 차가운 탄산수를 부어줍니다.

사과 요거트

재료

사과 청 30g

무가당 요거트 100g

현미 튀밥 또는 그래놀라

미니 사과

만들기

· 컵에 사과 청을 담고 무가당 요거트를 담아줍니다.

· 현미 튀밥이나 그래놀라를 가득 올린 후 미니 사과를 올려 장식합니다.

레모네이드

레모네이드만큼은 레몬의 톡 쏘는 맛을 온전히 즐기는 걸 좋아해 청을 담지 않고 즙을 내어 그대로 사용하고 있습니다. 레몬즙에 설탕시럽을 넣어 당도를 조절해주는 것만으로도 느끼함이 단숨에 잡히는 상큼한 레모네이드가 만들어진답니다.

재료

레몬즙 40g

설탕시럽 30g
| 설탕 15g
| 물 15g

탄산수 180g
레몬 슬라이스
민트

만들기

· 설탕을 물에 녹여 만든 설탕시럽을 준비합니다.
· 컵에 레몬즙과 설탕시럽을 담고 얼음을 담은 후
· 차가운 탄산수를 부어줍니다.
· 레몬 슬라이스와 민트를 넣어 장식합니다.

Ginger Syrup

생강시럽

찬바람이 불기 시작하면 햇생강의 계절입니다. 햇생강으로 만든 생강시럽은 묵은 생강에 비해 전분과 매운맛이 적어 더 달콤하고 깔끔한 맛으로 즐길 수 있습니다. 또 햇생강은 껍질이 촉촉해 보다 쉽게 손질할 수 있답니다. 우유와 함께 부드럽게 즐겨도, 뜨거운 차로 마셔도 좋습니다. 감기 기운이 있을 땐 몸을 따뜻하게 해주는 생강시럽으로 만든 따뜻한 차를 마셔보세요.

재료

생강 150g
물 300g
설탕 300g
계피스틱 1개

준 비 하 기

· 껍질을 벗긴 생강 150g을 준비합니다.
· 생강을 얇게 슬라이스한 후 분량 외의 물에 하룻밤 담가두어 전분과 매운맛을 빼냅니다.

조 리 하 기

· 준비된 생강에 300g의 물을 넣어 곱게 갈아줍니다.
· 냄비로 옮겨 설탕, 계피스틱과 함께 끓여줍니다.
· 끓어오르면 약불로 내려 향이 우러나도록 10분간 뭉근히 가열해줍니다.
· 불에서 내려 식혀준 후 미세포에 걸러 건더기를 제거해줍니다.

보 관 하 기

· 생강시럽을 식혀준 후 소독된 병에 담아 냉장 보관합니다.

생강 우유

재료

생강시럽 100g
우유 200g

만들기

· 컵에 생강시럽을 담고 데운 우유를 넣어 섞어줍니다.

밀크 티

밀크 티는 홍차를 우유에 진하게 우려내 만드는 차예요. 밀크 티를 만들 땐 잘게 부순 홍차가루를 동글 동글하게 모양을 잡아 가공한 아쌈 CTC 홍차를 사용하고 있습니다. CTC 공법으로 만들어진 홍차는 작은 입자로 가공되어 더 빠르고 진하게 홍차 맛이 우러난답니다. 밀크 티의 맛은 홍차에 의해 결정됩 니다. 다양한 홍차를 사용해 자신만의 밀크 티 레시피를 만들어보세요.

재료

밀크 티 베이스
| 뜨거운 물 200g
| 아쌈 CTC 10g

밀크티 베이스 100g
우유 150g
설탕 적당량

준비하기

· 뜨거운 물에 아쌈 CTC를 넣어 10분간 우려냅니다.
· 미세한 체에 걸러 찻잎을 완전히 제거해줍니다.

조리하기

· 컵에 밀크 티 베이스 100g을 담고 데운 우유를 넣어 섞어줍니다.
· 취향에 맞게 설탕을 가미합니다.

보관하기

· 남은 밀크 티 베이스는 일주일간 냉장 보관이 가능합니다.

상그리아

상그리아는 와인에 과일을 넣어 그 향을 우려내 마시는 달콤한 와인이에요. 향이 풍부한 과일을 가득 넣어 맛을 내기 때문에 비싼 와인이 아니어도 충분히 맛있게 만들 수 있습니다. 과일의 색과 붉은 와인 이 어우러진 화려한 모양새로 파티 테이블을 더욱 아름답게 장식해줍니다.

재료

레드 와인 750g
사과 1개
오렌지 2개
레몬 2개
민트
로즈마리

준비하기

· 사과는 씨를 제거하고 먹기 좋은 크기로 잘라 준비합니다.
· 오렌지 1개는 0.5cm 두께로 슬라이스해 준비하고 나머지 1개는 즙을 내 어줍니다.
· 레몬 1개는 0.5cm 두께로 슬라이스해 준비하고 나머지 1개는 즙을 내어 준비합니다.

조리하기

· 손질한 과일을 모두 볼에 담습니다.
· 레드 와인을 부어 하룻밤 냉장고에 넣어 차갑게 보관합니다.
· 피쳐에 담아 민트와 로즈마리로 장식해냅니다.

TIP | 가볍고 청량한 맛을 원한다면 먹기 전 탄산수를 넣어 즐겨도 좋습니다.

노엘블랑의
브런치 카페 레시피

초판 1쇄 발행   2021년 2월 25일
초판 5쇄 발행   2023년 11월 20일

지은이 구성희
펴낸이 이지은
펴낸곳 팜파스
기획 · 진행 이진아
편집 정은아
디자인 박진희
외부 스태프 타입타이포
마케팅 김민경, 김서희

출판등록 2002년 12월 30일 제10-2536호
주소 서울시 마포구 어울마당로5길 18 팜파스빌딩 2층
대표전화 02-335-3681   **팩스** 02-335-3743
홈페이지 www.pampasbook.com | blog.naver.com/pampasbook
페이스북 www.facebook.com/pampasbook2018
인스타그램 www.instagram.com/pampasbook
이메일 pampas@pampasbook.com

값 32,000원
ISBN 979-11-7026-394-4 (13590)